直面内心

我们必须面对的40个心理弱点

知名心理作家
魏冰冰 刘璐 —— 著
专业心理机构
乐律心理 —— 组编

FACING YOUR HEART

西苑出版社
XIYUAN PUBLISHING HOUSE

图书在版编目（CIP）数据

直面内心：我们必须面对的 40 个心理弱点 / 魏冰冰，刘璐著．-- 北京：西苑出版社，2019.11

ISBN 978-7-5151-0737-0

Ⅰ．①直…　Ⅱ．①魏…　②刘…　Ⅲ．①成功心理—通俗读物　Ⅳ．① B848.4-49

中国版本图书馆 CIP 数据核字（2019）第 259038 号

直面内心：我们必须面对的 40 个心理弱点

ZHIMIAN NEIXIN:WOMEN BIXU MIANDUI DE 40 GE XINLI RUODIAN

出版发行： 西苑出版社 XIYUAN PUBLISHING HOUSE

通讯地址： 北京市朝阳区和平街 11 区 37 号楼　邮政编码：100013

电　　话： 010-88636419

印　　刷： 天津旭非印刷有限公司

开　　本： 710mm × 1000mm　1/16

字　　数： 180 千字

印　　张： 13

版　　次： 2020 年 1 月第 1 版

印　　次： 2020 年 1 月第 1 次印刷

书　　号： 978-7-5151-0737-0

定　　价： 49.80 元

前言

人无完人，我们每个人的身上，都存在一定的心理弱点，这些心理弱点或显著或潜藏，或严重或轻微，都给我们的人生带来了不同程度的影响。它们会削弱我们的人格魅力，降低生活的幸福指数，甚至会改变我们的前途命运。在一定意义上，成长与成熟的过程就是我们认识与克服心理弱点的过程。只有战胜了自身的心理弱点，我们才能活得更轻松、更快乐，获得更多的认可、更大的成功。

本书的作者经过长期的研究总结，罗列出具有普遍性和代表性的40个心理弱点，结合生动的案例，从心理学的角度对这些人性的弱点进行了精辟的解析，同时提出富有针对性的建议，帮助读者了解自我、完善自我、超越自我，成为人格更健全、心理更健康的“强者”。

弱点并不可怕，可怕的是对弱点视而不见、听而不闻。当我们鼓起勇气面对自身的缺陷的时候，就迈出了走向成熟的第一步。挑战和超越自我的过程不会是一帆风顺、轻松自在的，但过程本身不就是人生路上一道亮丽的风景、一段宝贵的回忆吗？

目录

01

敏感

心较比干多一窍

大多数敏感的人，并不是真的如人们所说的那样“想太多”。他们敏锐的观察力、缜密的心思使得他们在人际相处中更有洞察力，自然也能够更敏锐、更迅速地察觉到对方的情绪和举止变化。也就是说，敏感如同人们的一种性格特质，是需要辩证看待的。只要转变思想，正确地认识和看待敏感，就会变弱点为优点，化劣势为优势。

陈梦的对号入座能力特别强，还特别自卑、脆弱，对于日常相处中他人的一举一动、一言一行都特别在意。在她心里，“所有的赞美都像是蓄意伤害”，她“终生都在承受着他人看不见的痛楚的折磨”。比如，坐地铁看到相邻几个人聚在一起小声聊天时，她就会忍不住想：“他们一定又在讨论我太胖”；男朋友今天和她聊天没有笑，她会想“他是不是嫌我烦了？不喜欢我了？”；当她向同事借东西，同事忙于回电话没听见时，她会感到很尴尬，不想再开口，转而认为同事对自己有意见，是在故意为难自己；就连逛街同朋友偶遇，分别时忘记说“再见”，她也会后悔、内疚好大一阵儿。

对于像陈梦一样敏感的人而言，在生活中是不容易感受到放松和快乐的。无论是别人伤害他们还是他们伤害别人，都会在他们心中割出一道很深的伤口，需要很长时间才能得到疗愈。尽管他们如此小心翼翼、字斟句酌、察言观色地生活、学习和工作着，面对他人的要求不善拒绝、刻意迎合，但他们还是难以得到周围人的理解，总被看作是想太多、矫情、小心眼、戏精等。

甚至每一次他们尝试着想要表达自己时，还会被对方以“是你太敏感”为由，将他们想说的话硬生生堵回来，从而进一步加剧他们内心的敏感、自卑与自我怀疑。比如，玲玲感觉男朋友最近没有以前那么关心自己了，这次她没有自己闷在心里，但当她直接询问男友时，对方却说：“我还是和以前一样啊，你能不能不要这么敏感？”长此以往，在诸如陈梦和玲玲一样敏感的人心里，就会埋下一粒被误解的种子，她们会认为敏感是缺陷、是错误的。

但事实上，大多数敏感的人，并不是真的如人们所说的那样“想太多”。他们敏锐的观察力、缜密的心思使得他们在人际相处中更有洞察力，自然也能够更敏锐、更迅速地察觉到对方的情绪和举止变化。也就是说，敏感如同人们的一种性格特质，是需要辩证看待的。只要转变思想，正确地认识和看待敏感，就会变弱点为优点，化劣势为优势。

百科词条中，敏感被解释为“感觉敏锐，对外界事物反应很快”。由此可以看出，敏感最显著的两个特征分别是“微”和“快”。具体到敏感的人身上，和普通人相比，他们具备更敏锐地察觉细节变化的能力，更快速地感知他人情绪、语气、行为等变化的能力，更强大的共情能力以及更能隐忍地取悦他人的能力。

比如，方林正在宿舍内十分投入地打游戏，室友李峰询问他是否需要打热水，方林说：“不用。”尽管方林觉得自己回答的语气十分平静、自然，但李峰却开始各种胡思乱想：我最近哪里得罪他了？是不是打扰到他了？只是因为他察觉到了方林回答他时语气里带有一丝就连方林本人都没有意识到的不耐烦。

关于敏感特质产生的根源，心理学家在对高度敏感人群进行调查研究后，尽管并未确认所有与敏感度相关的遗传因子，但研究者们仍然将敏感看作是人类所具备的一种与生俱来的个性特征，是基因中自我保护的本能，影响它形成的重要因素之一是基因遗传。此外，大脑中一些区域的活跃程度也对人们的敏感度高低产生了一定作用。

另一方面，虽然心理学家的研究表明，异常敏感和过度共情可能是天生的，但是对于大多数敏感者而言，显然后天环境对他们产生的影响更大、更为深远。比如，对于一位从小看着父亲家暴母亲的孩子而言，父亲的情绪是多变且没有任何缘由和征兆的。可能一家人上一秒还在其乐融融地聊天，突然不知道因为哪句话说错，父亲就会对着母子二人大打出手。长期生活在这样一种未知的恐惧和焦虑中，孩子为了不惹怒父亲，为了让自己和母亲少挨打，为了第一时间做好应对准备，他必须学会观察父亲的举止神态，对父亲每一丝的情绪变化都保持高度的警觉性和敏感性。

当然，这里所说的后天环境不仅仅包括家庭中的暴力因素，还包括学校、工作以及社会环境中的一些精神暴力、环境氛围、教育方式等其他因素。比如，心理学家的研究表明，以批评、打击、放任为主的教养方式会加强孩子的自卑感，不仅使得他们误以为自己真的一无是处，低自尊、低自信，而且还会使他们对他人的情绪变化格外敏感，并将其当作是对自己的负面评价。

那么，敏感的人怎样才能变得不那么敏感呢？也许可以尝试从以下五个方面做起：第一，坐下来认真体察自己的内心，并勇于接纳最真实的自己；第二，发掘自己的潜力，培养兴趣爱好，增强自信心，有效释放内心压力；第三，学会做自我情绪的主人，通过写作、画画等方式表达自己的内心困扰及负面情绪；第四，写下来，把事情梳理出一条清晰的脉络，进行理性分析和判断，而不是一味地胡思乱想；第五，有选择性地远离容易让自己敏感的环境和人。

总而言之，敏感特质本身并不具备绝对的好与坏，而是人类自身给它赋予了太多的负面意义，进而给大多数敏感的人造成了极大的心理压力。敏感是把双刃剑，人们完全可以发挥自身的主观能动性，将敏感这个心理弱点变为推动自己向前、向上发展的内在驱动力。比如，许多作家、画家以及音乐家等，正是充分地运用了敏感这种特质激发了自我潜力，才能不断地有所创造和取得成功。

02

嫉妒

箭欲长而折他人之箭

嫉妒是人类最普遍、最根深蒂固的负面情绪之一，也是导致人们不幸福的重要因素之一。正如韦氏词典所定义的那样，嫉妒就是“在看到别人的优秀或好命运时感到的气恼、羞辱、不满或不安，同时感到一定程度的厌恶以及占有相同优势的渴望”。

张伟和林青是一起进入单位实习的同事。三个月过去，林青仍然是实习生身份，而张伟不仅顺利转正，还被领导破格提拔为副部长。自此，林青开始刻意回避和张伟的正面接触，不再像从前那样和张伟一起饭后散步、谈心，甚至当张伟邀请林青外出就餐或者玩乐时，林青都会揶揄道："您是副部长，我一个实习生就不凑热闹了吧。"

这天，张伟在工作群中发了一张刚买的新房子的照片，同事们纷纷羡慕不已，并表示恭喜。但就在大家在群里聊得开心时，林青突然发送语音说道："别是拿着公司的钱去给自己买房了吧。"有同事慌忙回应道："买房子是好事，没有证据的事儿你不要瞎说。"林青仍然说道："事实究竟如何，张伟自己心里最清楚。"

关于嫉妒，英国哲学家罗素有句名言让人印象深刻，大意是："嫉妒可能是人的所有天性当中最不幸的一个了，由于嫉妒，人不去从自己所拥有的事物中汲取快乐，却不断地从他人所拥有的事物中汲取痛苦。"

可以说，嫉妒是人类最普遍、最根深蒂固的负面情绪之一，也是导致人们不幸福的重要因素之一。正如韦氏词典所定义的那样，嫉妒就是"在看到别人的优秀或好命运时感到的气恼、羞辱、不满或不安，同时感到一定程度的厌恶以及占有相同优势的渴望"。在嫉妒情绪背后所隐藏的诸如羞耻、厌恶等情绪，对于个体的精神状态具有极强的破坏力。

嫉妒容易让人迷失自我，丧失理性，倍感矛盾与痛苦。相关心理学研究表明，嫉妒有着诸如对抗性、指向性、发泄性等较为显著且具有代表性的特征。比如，嫉妒的对抗特征就体现为明显的进攻性，攻击者以颠覆被攻击者的形象为目标，甚至不惜颠倒黑白，造谣诽谤。

此外，当嫉妒心理发生在性格较为内向善良、自尊心较强的人身上时，通常具有较强的隐蔽性和伪装性，出于不希望别人看到自己嫉妒，或者仍然想和被嫉妒者保持良好关系等考虑，他们往往会千方百计地进行伪装，避免他人察觉自己的嫉妒心理。

比如，王美琳和黄慧是好朋友，两人工资待遇也相近。前段时间，黄慧跳槽重新找了一份工作，工资比王美琳高出好几倍，她兴奋地打电话邀请王美琳一起外出就餐庆祝。王美琳当时十分爽快地答应了，但挂断电话后却难掩心中的难过和失落。

对于王美琳而言，她一方面非常嫉妒黄慧跳槽的勇气和新工作的高待遇，另一方面认为自己应该真心地为好朋友感到高兴，而不是嫉妒对方。这种矛盾的心理使得她只能隐藏内心的嫉妒情绪和痛苦，接受黄慧的邀请，继续和黄慧做“好朋友”。

不同于人类的其他心理弱点，嫉妒的产生并不是基于随机或者盲目的比较。它的出现不仅遵循着“羡慕—嫉妒—恨”的转换顺序，而且通常具备以下四个方面的条件：

第一，嫉妒双方拥有相似的生活和教育背景，或者处于同一起点、同一阶层或同一领域的竞争中。正如罗素所说的那样，“乞丐并不会嫉妒百万富翁，但是他肯定会嫉妒收入更高的乞丐。”

第二，被破坏的个人优越感。比如，甲是公主，乙是婢女。面对前来提亲的王子，公主势在必得，但没料到王子最终喜欢的是婢女。这时，公主就很容易对婢女产生嫉妒心理，甚至极有可能进一步发展为恨，因为她认为婢女并不值得拥有王子的爱情，只是王子一时鬼迷心窍，而婢女则太有心机。

第三，当触及与个体自我核心价值和利益相关程度高的事物时，个体很容易产生嫉妒心理；反之，如果是与个体相关度较低的事物，个体则更容易产生欣赏、钦佩等心理，而非嫉妒。

第四，对自我能力的理想化预估与残酷现实之间的落差。比如，甲和乙同时复习准备公务员考试，甲成功考取，乙不幸落榜。如果甲原本的成绩远远高于乙，乙会衷心祝愿甲并表示羡慕；但如果甲与乙原先成绩持平，甚至稍逊于乙，那么乙会不断为自己找借口，认为甲只不过是运气比较好而已，自己如果能够正常发挥的话，一定会考得比甲还要好。在这种心理的影响下，乙更倾向于嫉妒甲。

因此，要想有效控制嫉妒心理，让生活变得更宽容、平和，就需要我们从以下几个方面着手：

第一，首先人们需要正确认识嫉妒，并接纳自我内心嫉妒情绪的出现，而不是一味地抵触和排斥它。

第二，寻求心理专业人士的帮助或者通过朋友探讨等形式，认真分析自我嫉妒心理出现的源头及主客观条件，并对症下药，做出改变。比如，小红十分嫉妒室友小芳的好身材，但经过一段时间的观察后她发现，小芳不仅饮食十分克制，而且每天都坚持运动锻炼，而小红自己睡觉前都还在大吃大喝，于是她认识到，只要自己慢慢改变饮食习惯，加强锻炼，也可以拥有像小芳一样的好身材。

第三，不要和别人比较，多和自己比较，把目光放长远一点，培养开阔、洒脱、平和的心态，学会知足常乐。

第四，化嫉妒为动力，重新端正心态，找到自身优势，树立清晰目标。一个没有前进方向和目标的人，目光往往只是聚焦在眼前的人和事上，在毫无意义的攀比中陷入嫉妒的泥潭；而一个对自身价值、优势以及目标认识十分清晰的人，会把时间和精力都用在追求自己的目标上，就没有多余的心力去嫉妒他人。

总而言之，嫉妒是一把双刃剑，它既能摧毁一个人的心性，也能转化为个体发奋图强的动力。扭转消极的嫉妒心理，尽管这种改变可能是艰难的、痛苦的、反复的，但只要我们有足够的决心和意志力，坚持到底，我们自然会逐渐摆脱嫉妒，变得更加从容、乐观和豁达。

03

冲动
被冲昏头脑的魔鬼

一般而言，冲动是指“由外界刺激引起，爆发突然，缺乏理智而带有盲目性，对后果缺乏清醒认识的行为”。在心理学中，冲动则主要被看作是一种有强烈感情和薄弱自控力的心理现象。

时值夏日，正是黄昏时候，黄芸和小伙伴们玩闹归来后，看到家中餐桌上有一杯倒好的凉白开，她二话不说，端起来“咕咚咕咚”两口下肚，水被喝得一滴不剩。与此同时，她的小伙伴李怡和王杰回到家也各自看到了一杯白开水。但即使口渴难耐，李怡也没有直接端水就喝，而是先慢悠悠地换好清爽的衣服，打开电视，再坐在沙发上端起水杯，边看综艺节目边慢悠悠地喝。王杰则是询问坐在旁边的奶奶，水是否可以饮用，得到肯定的答复后才拿起水杯一饮而尽。

原来，这是身为心理咨询师的黄芸妈妈进行的一个关于冲动的小测试。她联合其他两位妈妈，通过观察三个孩子在饥渴状态下回家看到水杯时产生的不同反应，初步分析判定：黄芸是非常直爽、冲动的人，遇事少有思索，大多凭借第一感觉行事，是三人中最容易产生失控行为的；李怡遇事较具忍耐性，不慌不忙，但有时说话做事容易以自我为中心，易冲动指数中等；王杰个性小心谨慎，做事严谨周密，易冲动指数较低。

在日常生活中，我们时常会遇到让自己情绪出现剧烈波动、一瞬间气血上涌的事情，进而做出一些不理智的举动。这种冲动不仅无益于事情的解决和情绪的纾解，甚至很有可能会造成我们难以承担、悔恨不已的后果。

那么，要想矫正冲动这项人类与生俱来的心理弱点，就需要人们对冲动有所了解。首先我们要知道，冲动的人一般具备哪些个性表现。为什么面对同样的一件事，有的人冲动，有的人则淡定、谨慎？我们怎样才能像黄芸妈妈一样，通过自我或他人的言行举止判断当事人是否容易冲动，并进一步做出应对及自我调节呢？

一般而言，冲动是指“由外界刺激引起，爆发突然，缺乏理智而带有盲目性，对后果缺乏清醒认识的行为”。在心理学中，冲动则主要被看作是一种有强烈感情和薄弱自控力的心理现象。比如，陈锋去洗手间时，无意中听到隔壁同事正在打电话吐槽自己，他感觉非常愤怒，冲动之下将同事暴打了一顿。这里的愤怒就是陈锋情绪的激烈反应，将同事暴打一顿则是失去理性后的激情行为，是冲动的显著表现。

另一方面，通过其定义我们可以看到，冲动最明显的特征体现为突发性、失控性、暂时性以及易悔性。其中，暂时性是指冲动情绪和行为总是像暴风雨一样，来得快，去得也快。正如有的冲动者事后所反省的那样，“冲动只需要几秒钟，弥补和悔恨却需要几倍甚至几百倍的时间”。

从表面上看，冲动的产生是因为受到了外界的强烈刺激，但心理学相关研究认为，冲动的产生同当事人本身的个性息息相关，如下面几种性格类型的人群更容易产生冲动：

一、个体自尊心较强或骄纵蛮横，容不得他人轻视、冒犯、违背或反抗自己的人。此种类型的冲动者的典型代表是自幼被父母溺爱长大的孩子和自卑感太重而自尊心太强的人。

二、个体长期处于被误解、被忽视、被孤立等情境中，心中积聚大量的委屈、孤独、愤怒等负面情绪，无法得到有效排解的人。因此，在负面情绪积累到一定程度时，他们很容易被外界出现的某个情境刺激到而爆发出来（这个刺激本身可能微不足道）。

三、个体遇到刺激时，需要用迅速的反应来安抚自我，较难接受情绪上的延迟满足的人。比如，龚琳在家中大扫除，偶然翻看丈夫的手机微信消息时发现，丈夫和自己的好闺密娜娜长时间互相发送暧昧信息，一怒之下，她摔碎了丈夫的手机，并找到娜娜，将其暴打一顿。

对于发现丈夫出轨好闺密的龚琳来讲，她需要借助摔手机、打娜娜等行动来立刻宣泄愤怒情绪和安慰自己受伤的内心，而不是像其他人一样冷静地、耐心地等待丈夫的解释或者搜集更多的证据来梳理来龙去脉，解决问题。

或许，有时候冲动的行为也能够为人们带来一些好的结果，个体与社会发展中也需要某些“冲动”来实现转变和寻求突破，但在心理学家们看来，冲动靠激情推动，带有强烈的情绪色彩，其行为缺乏意识能动的调节作用，所以冲动产生的负面影响要远远大于其正面作用。比如，新闻报道中越来越多的家庭暴力、虐待儿童、凶杀、毒品上瘾等社会事件，都是因为人们对冲动缺乏有效控制的结果。

因此，要想避免冲动产生的恶果以及冲动后的悔恨，人们可以：

一、结合自身兴趣爱好及专业特长，选择练习书法、画画等方式修身养性，有意识地培养自己的耐性。

二、学会忍耐，多使用后果想象法。冲动的情绪来得快，去得也快，可以借助后果想象法，想象自己冲动后可能会造成的后果，并且借助深呼吸、转移注意力、自我暗示等方法来加强情绪自控力。比如，《武林外传》中个性易冲动的郭芙蓉每次冲动之前，都会深吸一口气，然后默念：“世界如此美妙，我却如此暴躁，这样不好，不好。”

三、他人提示法。当意识到自己在日常生活中待人接物时容易冲动，又难以实现自我控制时，可以告诉身边的亲人、朋友或者同事，请求他们在关键时刻及时提醒和阻止自己。

四、多使用对立分析法。尤其是对于自尊心较强、负面情绪积累较多的冲动者来讲，冲动时给自己三秒钟的暂停时间，多想想对方为什么会这样对自己，事实究竟是否是自己所理解的那样等，尝试站在对方的立场上思考问题，而不是放任自身的主观情绪去感受。

总而言之，作为一种行为和情绪，冲动本身没有错，冲动个性的改变也不可能是一蹴而就的，而是反复的、曲折的。但只要人们坚持自控和不断的自我训练，人们遇事一定会越来越淡定、理性，直至成功克制抑或摆脱冲动。

04

自卑

大家都比我优秀

关于自卑的表现，恰如奥地利著名精神病学家、心理学家阿德勒所说的那样：“我们很难假定一个带有强烈自卑感的个体，会是个看起来柔顺、平静、自制并且和善的人。”

说起自卑，林婷深有感受。她的家乡交通闭塞，是省里面有名的贫困乡。从小林婷就发誓，自己一定要用功读书，考上大学，最后留在省城工作，不能再像父辈那样整日辛苦劳作，生活却依然充满许许多多的辛酸、苦楚了。

林婷很聪明，又踏实刻苦，几经奋斗后，她成功考取了北京一所知名大学。入学后，她以为自己终于可以摆脱身上穷困、贫苦的农村人影子，和新同学们一起意气风发地享受在首都的美好大学生活，但紧张、忙碌的军训结束后，林婷很快发现，现实并不像自己想象的那般美好。

大一的课程安排张弛有度，闲暇时间室友们喜欢相约着去逛街、吃饭、购物、看电影。林婷和她们一起去过几次后，再遇到这些事都推托掉了。慢慢地，室友们便以为她太过孤立、自我，有什么活动也都不愿叫上她。她们不知道的是，林婷看着室友们逛街吃饭，毫不犹豫地掏钱挥霍时，心里又难过又愤怒又窘迫，但更多的却是自卑。

也就是从那时开始，林婷明白了，尽管她们同为大学生，但自己和那些自幼生长在北京、上海，甚至西南省会的同学们不一样，自己的言谈举止、家庭收入、消费水平、眼界见识都远远低于她们。她们都比自己优秀，自己也没有任何资本同她们一起玩乐、交朋友。于是，林婷一改军训时期的乐观大方，若非同学问起，很少主动与她们交谈，总是低着头走路，上课也坐在最后一排的角落里，站起来回答问题时也畏首畏尾，极不自信，生怕自己答错了被大家笑话。

除此之外，林婷喜欢班里一位名为李想的男生。此人长相并不属于特别帅气的类型，但为人非常热情，说话温柔，学习也非常用功。每次林婷去图书馆看书都能看到他，好几次，李想远远地朝着林婷挥手示意，但林婷每次都是红着脸匆忙逃走，心里还想着："他怎么会认识我呢，怎么可能主动和我这样的人打招呼呢？可能是看错人了吧。”林婷总是悄悄地关注李想的微博，了解李想的生活动态，但正是因为这种自卑心理，直到大学毕业她都没能鼓起勇气和李想说几句话，更不用说深入接触、谈恋爱了。

在心理学中，自卑是指个体在同他人日常相处和交往过程中，缺乏对自我和他人的正确认识，过于肯定他人的优点，低估自己的能力，难以看到自我价值，由此衍生出内向、孤僻、忧郁、自责、敏感、自恋、不安等诸多不良情绪反应，严重者甚至会悲观厌世，对自我、他人以及生活丧失希望，产生轻生的念头。

关于自卑的表现，恰如奥地利著名精神病学家、心理学家阿德勒所说的那样："我们很难假定一个带有强烈自卑感的个体，会是个看起来柔顺、平静、自制并且和善的人。"但作为一种自我否定的情绪体验，人们在面对自卑时，都有自己独特的表现方式，并非全都如上文故事中的林婷那样直观地表现出自己内心真实的敏感和怯懦。

比如，言情小说里霸道总裁看似狂傲、自信、专制、冷漠，但细究之下也会有不为人知的、隐藏的自卑感存在；比如，小红爱面子，十分在意别人的看法，哪怕是别人无意间指出她穿黑色衣服不好看，她也会记在心里，从此不再穿戴任何黑色的衣服、饰品；比如，某人与朋友外出聚餐时，害怕点菜以及受到他人关注；等等。

对于大多数自卑者而言，如若不是忍到自我承受的极限，他们的攻击信号鲜少对外释放，更多的是在其内心中悄然地完成转变。而他们自卑心理的形成，除了因对自我缺乏正确认识之外，还同个体的家庭经济因素、社会文化因素、个人性格特点及成长经历有着密切联系。因此，要想有效克服自卑心理，可以尝试从以下四个方面着手：

一、全面、辩证、客观地看待自我和他人，认识到每个人都不可能十全十美。尝试着同亲人、老师或者心理医师等自己较为信任的人进行一次深入的交谈，准确了解自己在他人眼中的形象、能力及性格特点，对自己有一个正确的定位；如果感觉还是没有勇气这样做，可以先行借助纸和笔，将自己的兴趣爱好、能力特长以及弱点全部罗列出来，不错过任何细微之处，然后逐一对比分析，肯定、发扬自己的优势并学会接受自身存在的弱点和不足之处。

二、合理利用心理补偿机制，潜心努力，以某方面的成就来补偿造成个体自卑心理的缺陷。比如，央视著名主持人张越也曾为自己的肥胖而自卑，她上学期间时常疑心同学们会在暗地里嘲笑她肥胖的身躯跑步的样子太难看，因而不敢上体育课，不敢穿裙子，甚至差点因为不敢参加体育长跑测试而无法拿到毕业证。但是当她潜心学习，借助学习上的成就补偿身材上的自卑时，她收获了成功，成为第一个完全凭借自身才气和幽默机智走进央视的主持人，被万千电视观众所喜爱。

三、最重要的是要勇于承认自己内心的自卑。对于很多人来说，他们可能会借助各种各样的手段以期让自己变得更自信一点，但出于爱面子、羞耻感等因素，难以辨识和承认自己自卑的心理弱点。如果我们不能首先接受自卑，其他方法只能是治标不治本，并不能帮助我们彻底克服自卑。

四、还可以通过增加社会交往、在教室里尝试靠前坐、练习当众发言、直视他人眼睛、昂首挺胸阔步走路等方式逐步增加自信。

总而言之，每个人都是大自然独一无二的创造物，都有其独特的存在意义。当我们出现自卑心理时，我们要勇于化阻力为动力，磨砺心智，最终收获自信和成功。

05

攀比

人比人，气死人

所谓攀比心理，是指个体不顾自身的实际情况和生活条件，主动或被动地在智力、经济、交际等方面进行比较（比较双方多处于同等生活条件或能力范围内，或比较对象某方面强于个体自身），并且希望在某方面超越对方的一种心理状态。

雅静虽然是个女孩，但小时候非常调皮好动，喜欢恶作剧和捉弄同学，因此经常被老师点名批评。每次学期结束，母亲看到老师在她的成绩单背后填写的评语时，都会唉声叹气道："你看看邻居王阿姨家的晓丽，人家和你年龄一样大，在班里每次都考第一名，老师经常拿她作为班里学习的榜样，同学们也喜欢和她玩儿，她在家里还经常帮助父母做家务，你呢？"每当这个时候雅静总是低头沉默不语。

整个青少年时期，雅静都是在和隔壁邻居晓丽的比较中度过的。直到高考那年，晓丽发挥失常选择复读，雅静超常发挥考取省内一所二本院校，母亲才终于不再将晓丽作为雅静生活和学习的标杆。

但这并不意味着雅静彻底摆脱了这种比较。大学期间，舅舅家出国半工半读的表哥是母亲时常在雅静耳边絮叨的主角。参加工作后，母亲从比较学习成绩和学业成就，转为比较工作、工资、房子、车子、男朋友等各个方面。纵使雅静如何假装满不在乎，但在母亲日复一日的絮叨和比较中，她慢慢也喜欢上了同周围的朋友进行比较。假如她优于对方，她的内心会产生很大的满足感和成就感；假如对方超过了自己，那么那段时间她的情绪就会变得特别急躁和焦虑。

相信很多人都曾有过被父母用别人家的孩子与自己比较的经历。这个"别人家的孩子"，可能是隔壁邻居家的哥哥姐姐或者同龄人，可能是叔伯姑舅姨乃至父母同事朋友家的孩子，也可能是电视里、杂志上、故事中的某个人。更重要的是，他们并不是被父母用来比较的固定对象，而是随着其教育的目的、期望的目标而不断发生着变化，被比较者则永远处于劣势地位，自尊心和自信心无形中受到伤害。父母的攀比心理会传递给孩子，让孩子陷入同样的烦恼和痛苦当中。

所谓攀比心理，是指个体不顾自身的实际情况和生活条件，主动或被动地在智力、经济、交际等方面进行比较（比较双方多处于同等生活条件或能力范围内，或比较对象某方面强于个体自身），并且希望在某方面超越对方的一种心理状态。诚然，攀比心理会让不甘落后的人更加努力、不断进步，取得更出色的成就。但对于大多数普通人来讲，无处不在的攀比会使一些人的观念和价值观发生改变，并使他们深陷攀比的泥潭中无法自拔，甚至为了超越别人而不惜采用抢劫、勒索等犯罪手段；有的人则难以肯定和认可自己，变得更加自卑、焦虑和痛苦；有的人会变得愤世嫉俗，丧失公平感，产生仇富、妒强等消极心理，更有甚者，他们会在过度攀比后选择自我逃避和放弃，不求上进，幻想天上掉馅饼，最终一事无成。

此外，正如俗语所说的："人比人，气死人。"攀比会影响和损害个人的心理健康。那么，对于主动或被动与他人攀比的人而言，应当如何面对并克服攀比的心理弱点呢？

一、明确攀比心理产生的主要原因。心理学家研究认为，攀比心理的起因通常包括家庭因素、教育经历、自身个性以及嫉妒贪婪心理几方面的因素。其中，本文开头故事中的人物"雅静"就是因为母亲不断将自己和邻居家的孩子进行比较而产生了攀比心理。

比如，电视剧《知否》中，墨兰和明兰同为庶女，不同的是，明兰自幼丧母，因坚强乖巧和可怜的身世被祖母收养；而墨兰因为母亲林姨娘备受宠爱，父亲也很喜欢她，于是她每日沉浸于父母的宠爱和偏袒中，逐渐变得虚伪又自私，她时常在明兰面前炫耀和作威作福，但又忍不住羡慕嫡女华兰婚嫁对象的家世地位，又嫉妒明兰在祖母处得到的宠爱。这种矛盾心理使得她经常不由自主地拿自己和明兰的长相、吃穿用度、行为举止做比较，并为此多番恼羞成怒，做出一些伤害明兰的事情来。

但对于墨兰而言，她永远看不到自己在父母亲双重爱护下成长起来的幸福美好，也看不到明兰失去母亲庇护，又不受父亲重视，只能依托于祖母，在家中辛苦周旋背后的无奈和酸楚。她只盯着祖母对明兰的宠爱和对自己的轻视。她的攀比心理和痛苦就来源于她的嫉妒和贪婪。

二、眼睛常向内看，关注自我的情绪状态，多与自己进行纵向比较，肯定自我不同阶段的努力与成就，而不是紧盯着他人进行横向比较。比如，南美洲原始森林里有一种鸟，体长不过五六厘米，但建造的巢穴往往比自己的身体大几倍或者十几倍。专家们经研究后发现，它们这样做的原因是，在筑巢过程中，它们不停地和周围的其他鸟较劲，相互攀比谁的巢穴筑得更大，即使双方累得疲惫不堪，也不愿停下，直到其中一方累死。但如果此时存活的鸟重新找到比较对象，它就会不顾已经透支的身体继续扩建巢穴。

如果这些小鸟能够在筑造巢穴的过程中懂得满足，或者及时意识到自己已经疲惫不堪的身心状态，而不是一味同周围的其他鸟进行攀比，也不至于付出生命的代价。

三、树立清晰的个人奋斗目标。尽管人们产生攀比心理的原因是多种多样的，但归结为一点，都可以看作是缺乏清晰明确的目标。正是因为不知道自己追求的究竟是什么，所以才会主动或被动地以他人作为参照，以此来证明自己存在的价值。

四、将目光放长远一点，培养并保持轻松、平和的心态。细细想来，生活对每个人都是公平的，每个人都有自己的幸福温暖和烦心苦难，你羡慕别人的时候，也有人在羡慕你。只要看清楚这一点，懂得从自身的平淡生活中感受乐趣与幸福，保持良好的心态，你就会发现自己其实比自己想象中要幸福得多。

总而言之，人只有短短一生的时间，与其将自身的精力、时间耗费在同他人的攀比中，裹足不前，不如尝试着依照文中讲述的方法，抛下攀比心，让未来的人生路更自在、平坦一点！

06

虚荣

我就是要过得比你好

虚荣是指个体极为注重个人的荣耀和表面的风光，期望借此取得某种荣誉和赢得他人的欣赏与尊敬，从而表现出的一种不正常的社会情感。

心理学家通常将虚荣看作是个体自尊心的过分表现，是个体为了保护自己的自尊心而采取的一种虚假方式。

程野和杨萌是一对恋人。周末，两人约着一起去逛街。经过某家知名首饰店铺时，杨萌盯着橱窗里模特脖子上戴着的项链羡慕不已，看着女朋友如此渴望的眼神，程野只能尴尬而窘迫地摸摸自己空空如也的口袋，然后拉着杨萌快速离去。

一个月后是杨萌的生日。尽管没能力为杨萌购买上次看到的那条项链，但程野还是花掉了利用业余时间辛苦兼职赚来的钱为杨萌买了一对小小的金耳钉。当晚的生日庆祝宴上，当他兴高采烈地将耳钉放进杨萌手里，并准备为她戴上时，杨萌非但没有一点惊喜和感动，反而在非常敷衍地表示了感谢后，迅速将耳钉收了起来。她的朋友们也在旁边打趣道："早就听说杨萌男朋友帅气又朴素，没想到真是一点都没有夸张，果然好帅，好朴素啊！哈哈哈！"杨萌和程野两人都面红耳赤，只想赶紧逃离这里。

此后不久，杨萌就向程野提出了分手。当程野激动地追问原因时，杨萌冷笑道："我和你在一起是因为我爱你，但我不想每天和你过这种穷酸的生活。每次朋友们向我炫耀她们的男朋友给她们送了最新款的苹果手机，10克拉的钻戒，LV的包包时，我都只能沉默。你知道我有多难堪吗？"程野："你相信我，再等等，我一定也会努力让你过上好日子的。"杨萌："我等不了了。我想和朋友们一样随心所欲地购买自己喜欢的东西，而不是趴在橱窗前羡慕地望着。只要有这样一个男人出现，无所谓爱或者不爱，只要有钱，满足我所有的虚荣就行。"

作为人类的心理弱点之一，尽管虚荣的人一定会产生攀比心理，但并不意味着攀比就必然会导致虚荣心理的产生。具体而言，攀比是指个体不顾实际情况，同对方进行比较并希望超越对方的一种心理状态。这里强调的是比较和希望超越，但这种希望往往仅仅停留在想象中，更多的是自怨自艾，不一定会付诸实际行动。虚荣则是指个体极为注重个人的荣耀和表面的风光，期望借此取得某种荣誉和赢得他人的欣赏与尊敬，从而表现出的一种不正常的社会情感。

心理学家通常将虚荣看作是个体自尊心的过分表现，是个体为了保护自己的自尊心而采取的一种虚假方式。具体表现为：

第一，过于强调面子上好看，不顾现实条件，不惜打肿脸充胖子，也要在超越他人和自我满足中获取精神快感。比如，有这样一个故事：

隋炀帝时期，各藩国首领齐聚洛阳城内。时值正月十五，隋炀帝下令在端门街举办为期一个月的戏曲演出和杂耍表演，以示庆祝之意。此后一个月内，端午街内灯火通明，锣鼓喧天，乐曲声传至十里之外，上至达官显贵和藩国首领，下至普通老百姓，全都争相前往观看演出，摩肩接踵，好一番盛世景象。

见此情形，各藩国首领纷纷请求隋炀帝批准本国商人前往洛阳城内做买卖。隋炀帝不仅十分爽快地答应了这一请求，而且还下令要求洛阳城内主街道上的所有店铺都进行统一整改和装修：店铺内必须挂满帷帐，随意又不刻意地摆满各种珍贵货物；伙计们必须穿上华丽的服装；就连站在大街上贩卖猪肉、草鞋的贫民也要用龙须席铺地而坐。

更夸张的是，不管前来的各藩国商人进入哪家饭店或旅店，店铺老板都应当恭恭敬敬地请其入座，然后免费招待他们吃喝玩乐和住宿，直到对方满意而归。假如有人对此表示疑惑，则需回答道："中国自古以来富饶丰裕，人人皆有饭吃，有房住，因此吃饭和住宿都是免费的。"于是，各藩国商人皆惊叹不已。

恰在此时，路边有一群身着破衣烂衫的乞丐结伴而过。藩国商人疑惑道："为什么街边的树上都缠满了丝绸，这些人却骨瘦如柴，衣不蔽体？难道他们还不如这些树吗？"此言一出，随行陪同的官员和店家都无言以对，低头默不作声。

第二，过分看重他人的评价，有强烈的自尊心、自卑感、嫉妒心、占有欲以及不平衡心理。上文中，隋炀帝的虚荣心在于希望借助在洛阳城内营造一种国泰民安的盛世景象，来使各藩国首领臣服和证明自己治国有方。同样地，而杨萌表面上看是和朋友们进行攀比，但究其根本仍然是虚荣心过强，只因自己和男朋友的经济实力无法支撑其渴望的奢华的生活，便打算通过找个有钱的男友的方式维护自己在朋友面前扭曲的自尊心。

由此可见，无论古今内外，上至皇帝下至平民百姓，都不可避免地抱有虚荣心。那么，人们应当如何正确地把握和驾驭这种虚荣心，避免让其造成更大的危害呢？可以尝试从以下几个方面做起：

一、充分认识虚荣的危害。明白虚荣只能获得一时的心理满足，长期爱慕虚荣轻则使人外强中干，背负难言的痛苦和心酸，给自己带来沉重的心理和经济负担；重则导致道德的沦丧，甚至不惜滑向罪恶的深渊。只有充分认识到虚荣带来的不良后果和危害，才能采取有效方法克服乃至摆脱虚荣心理。

比如，张宁大学毕业后面临两份工作选择，一份是父母喜欢，说出去也特别有面子的国企员工；一份是加入某个团队，成为创业者。张宁非常清楚自己内心更倾向于选择加入创业队伍，但还是在虚荣心的驱使下选择成为一名国企员工。

进入国企后，她很不适应这种刻板的、阶层划分明显的工作环境，经常向父母朋友诉苦，但每次他们都会说："这么好的工作，别人争着抢着要来，你还有什么不满足的。"再加上外出办事时，别人得知她来自国企，有意无意地追捧，她总是无法下定决心辞职，但看到原先创业队伍的小伙伴们在朋友圈里意气风发的模样，她心里又觉得很难过。慢慢地，她感觉自己一方面非常享受就职国企带来的高地位、高福利，一方面又十分向往创业队伍可以得到的自由洒脱，整个人在这种矛盾中变得特别焦虑和抑郁。

二、正确区分"虚荣"和"真荣"。诸事都有虚有实，关于虚荣，朱德庸先生曾经在其漫画著作中有过一段十分贴切的描写："有一种人，他穿时尚的衣服是为了让别人看，他开的车也是为了让别人看，他装修的房子也是为了让别人看，他所从事的工作也是为了让别人看，他的孩子送名校也是为了让别人看，他一切的一切都是为了展现给别人看自己的品位或成绩或格调，所思所想都以他人眼光作为唯一标准，这种人我称之为‘橱窗人’。”

那么，什么才是真正的荣誉呢？顾名思义，荣誉就是凭借自己的能力、品德、人格和价值观等获得自我与他人的认可。虚荣容易让人堕落，只要努力追求真正的荣誉，不论成败都会获得他人诚挚的尊敬。

三、摆脱从众心理的负面效应，从自己的实际出发考虑问题。对于很大一部分虚荣者而言，如果看到他人拥有一样东西，自己却没有，内心就会产生一种被抛弃的不安全感。因此，虚荣者不顾个人实际，盲目地追逐别人的脚步，最终往往不堪重负，内心崩溃。

四、加强自我修养，分清自尊心和虚荣心的界限。只有不断加强自我修养，培养高尚的道德情操，个体才能更积极全面地看待自己，面对虚荣时也能有更强的定力和自制力，而不是轻易被虚荣所诱惑。

07

占便宜

免费的不要白不要

心理学相关研究表明，爱占小便宜的人，大多是由于在童年或幼年时期缺乏父母的关心、信任、尊重和指导，内心匮乏感和不安全感较为严重，进而使得他们在成年后借助于占小便宜、贬损他人等行为获得内心的满足感。

朱晓是一名保洁员。今年年初，她被领导调到一家社会活动中心上班。按照公司规定，每天除了按时打扫活动中心走廊区域卫生并进行及时维护外，她还需要负责活动中心二楼男女洗手间的清洁和保障工作。

一个月过去，朱晓发现女洗手间的擦手纸和卫生纸总是用得特别快，尤其是中心每周举办固定活动那几天，不到中午就会把原计划供应一天的纸巾用完。反观男洗手间，有时候放进去一卷纸巾，可能两天都不需要再更换。

困惑之余，朱晓开始趁着工作间隙留心观察女卫生间。这一看，真的让她找到了纸巾消耗特别快的原因。原来，前来参加活动的人大多数是居住在附近的中老年人，她们中有些人看到纸巾是免费供应的，使用起来就毫不在乎，毫不心疼。比如，有的人只是简单擦一下手，却故意撕下好长的一段纸巾，然后不管是否使用完，都随意丢弃在垃圾桶里；有的人还会扯下一部分纸巾，揣进口袋或手提包里。在其他人劝阻她们不要这样浪费或带走时，她们还用漫不经心的口气说道："反正这是公家免费供应的，用完了还会再续上。你傻啊，不用白不用，不拿白不拿。"

回顾现实生活，像上述故事中爱占小便宜的人比比皆是。比如，大量撕拿超市购物袋、利用可乘之机逃票、轻信商家免费赠送的促销手段、出差顺走酒店的浴巾甚至床单被罩等。对于爱占便宜的人来讲，被占便宜的对象可以是公家，也可以是超市、销售者、亲戚以及朋友等其他任何对象。

在很长一段时间内，中国人普遍被国际上看作是爱占便宜的人。但很明显这是一种偏见。不是说中国人就爱占便宜，外国人不爱；中老年人爱占便宜，年轻人不爱；女人爱占便宜，男人不爱。严格来讲，爱占便宜是一种个人行为和一种心理弱点，并没有明显的群体界限。但不可否认的是，爱占便宜的人都不约而同地“秉持”着一个相同的信念——免费的东西不要白不要，有便宜不占是傻子。

那么，人们在日常生活中应当如何有效控制和消除自己喜欢占小便宜的心理弱点呢？

一、不要相信天上会掉馅饼。有些人在占小便宜后，会扬扬得意，暗自窃喜自己“赚到了”。但天下不仅没有白吃的午餐，更不可能会无缘无故掉馅饼。许多商家、骗子甚至传销组织者正是利用了人们的这种心理，精心编织谎言，才能使用非常拙劣和低级的手段骗人钱财，诱人上当。

比如，王玲和老公晚上一起到公园散步。王玲突然感到有些口渴，她和老公走到路边报亭购买了两瓶饮料和一些零食，共 26 元钱。王玲掏出一百元递给报亭老板，老板接住后为难地挠挠头说：“呦，一百啊。没零钱吗？”王玲：“出门散步就拿了这一张钱。”老板故作大方道：“行吧。我这里零钱也不是很多，给你凑凑。”

随后，报亭老板递给王玲一沓零钱。王玲数了之后便慌忙拉着老公快步离开，老公一脸茫然。直到远离报亭后，王玲才小声兴奋地说道：“灯光太暗，他好像把一张 50 元当 10 元的找给我们了。他应该找我们 74 元的，但现在给了我们 114 元。”老公说：“不可能吧，你再仔细看看。”王玲掏出钱递给他：“我数得清清楚楚，你还不相信我。”老公谨慎道：“经常做生意的人不可能犯这种低级错误。”

他边说边走到路灯下，高举着钱仔细辨别道：“早告诉你不要贪小便宜。你再认真看看，这两张 50 都是假的。”王玲顿时又愤怒又羞愧，只能自认倒霉。

二、心理学相关研究表明，爱占小便宜的人，大多是由于在童年或幼年时期缺乏父母的关心、信任、尊重和指导，内心匮乏感和不安全感较为严重，进而使得他们在成年后借助于占小便宜、贬损他人等行为获得内心的满足感。

因此，基于这样的心理背景，爱占便宜的人在面对外界的诱惑时，一定要尽量保持理性，多分析自己内心的真正想法，多和他人进行沟通和交流，多听取和参考他人的意见与建议，多问自己一些诸如“我真的需要吗”“为什么同样的东西，它这么便宜”“既然素不相识，他凭什么送给我免费体验”等问题，不能被所谓的“便宜”冲昏头脑。

三、运用自我暗示，多想想占小便宜的坏处以及周围的人对爱占小便宜的人的鄙夷态度，从心理上建立一道自制的防线。完成这一步之后，可以再进一步通过自我约束、自我激励和他人提醒相结合的方式，每成功克服一次占小便宜的冲动，就用美食、漂亮衣服等喜欢的东西来奖励自己，进行自我控制和调节。

此外，尽管爱占便宜的人可以运用上述方法努力控制和克服自己的心理弱点，但由于这种心理弱点是自小养成的，同时又是难以自我察觉的，它的改变过程有较大的反复性，一不留神就会“旧病复发”。假如日常生活中遇到爱占便宜的人，尤其是需要与其进行长期接触和交往时，人们除了要给予其一定的理解外，还可以通过委婉提醒、适当远离、勇敢拒绝等方式进行应对，避免一味忍让或过激处理带来的不良后果。

总而言之，爱占小便宜的人大多心胸狭窄，逢人遇事目光短浅，总是斤斤计较。短期来看，他们似乎获得了很多好处，但长此以往，很容易引起周围人的警惕和反感，不利于人际关系的维系和个人事业的发展。因此，爱占小便宜的人需要思考如何克服自身的这种心理弱点并付诸行动；被他人占小便宜的人则需要注意避免自己成为纵容他人占小便宜的受害者和帮凶。

08

暴躁

智慧的敌人

尽管暴躁的人常用“我自己心里也明白，但情绪爆发时就是控制不住”作为理由来拒绝做出改变，但他们仍然需要清楚并引起重视的是：除了自己的父母子女，世界上少有人会长时间地理解和容忍自己的暴躁。那么，改变是必需的。

最近浏览网络时，我分别看到了两则帖子。尽管发布在不同的网站上，但它们的主题却都是向网友求助——遇到脾气太暴躁的男朋友，是该果断离开还是继续忍耐？

第一个网友小满写道：“前几天，男朋友买回来 8 个杧果，随后他就出差忙工作去了。回来后他发现我把杧果都吃完了，当时脸色就变得特别不好。没过几天，我们又一起买了西瓜和杧果回来，因为我特别喜欢吃水果，当时就将西瓜切成两半，抱着其中一半用勺子挖着吃。

“这样看起来似乎一切都很正常，对不对？但就在我边看电视剧边吃西瓜时，男朋友突然走过来夺走我手中的勺子和西瓜，不允许我继续吃。我心里又疑惑又生气，一边询问他为什么不许我再吃，一边试图从他手中将勺子和西瓜拿回来。但男朋友始终都是一声不吭地拒绝。

“如此反复几次后，当我又一次想要拿走西瓜时，男朋友突然站起来，情绪特别激动地将半个西瓜按在我的脸上来回摩擦，嘴里还不停吼道：‘让你吃，我让你吃。’那一瞬间，我整个人都快吓晕了。”

第二个网友萧然写道：“下午我们约好一起去省体育馆里的游泳馆游泳，但因为我从来没有去过那里，对于具体方位以及周边环境什么的都不是很熟悉，于是我先是给他发信息‘在哪个门口汇合？’他回复告诉我说自己已经进入游泳馆里面了，让我直接进去找他。在我表明自己不知道怎么从门口走到游泳馆后，他最终告诉我说‘省体育馆东门，进门右手边往里走就是游泳馆。’

“随后我打车前往，并依照他告诉我的路线进去游泳馆。当我打电话告知他自己的位置后，电话那端的他立刻大吼道：‘不是说好让你在体育馆东门等我的嘛。你为什么要擅自进去游泳馆？你是不认识字还是听不懂人话？’我内心十分委屈道：‘明明是你刚才说在游泳馆汇合的啊。’他继续暴躁道：‘每次都

是这样，和你约会一次怎么就这么费劲呢！我都等你多长时间了，你还好意思哭，烦死了。'”

正如小满和萧然在帖子中所描述的那样，暴躁型的人表现为，遇事容易着急、冲动，难以控制自己的情绪，同时借助激烈的语言和肢体动作来表达内心的不满和愤怒。比如，小满男朋友将西瓜按在小满脸上进行摩擦，同时伴随有发泄性的语言暴力。

对于容易暴躁的人而言，他们可能在日常生活中的大多数时候都是温和的、温柔的、亲切的；但是，一旦身边的人或事不小心触发了他们情绪的某个点，他们可以瞬间转变为另外一个人，发怒、摔砸东西、骂人，乃至做出伤人等更加过激的举动。而这个情绪触发的点，每个人都不一样，且无处不在。

与此同时，暴躁的人发脾气的对象除了自己的亲人、朋友、恋人之外，还可能是同事、合作伙伴，乃至陌生人。只不过有的人可能在亲人面前爆发得更加猛烈一点，面对同事或者陌生人时会较为克制一点；有的人则属于不管不顾型，只要触发了他那个暴躁的点，不管对方是谁都没用。

尽管暴躁的人常用“我自己心里也明白，但情绪爆发时就是控制不住”作为理由来拒绝做出改变，但他们仍然需要清楚并引起重视的是：除了自己的父母子女，世界上少有人会长时间地理解和容忍自己的暴躁。那么，改变是必需的。要想改变这种现状，有效控制自己的暴躁情绪，克服暴躁的心理弱点，我们可以借助如下方法：

一、找到容易使自己暴怒的关键点，对症下药。正如上文所说，触发每个人产生暴躁情绪的关键点都不一样。有的人可能像小满的男朋友一样没办法忍受别人（即使是女朋友）擅自吃自己购买的水果，有的人可能像萧然的男朋友一样无法忍受对方不按自己要求的去做，有的人可能不喜欢别人一直唠叨自己，有的人可能听不得对方反对自己，有的人可能内心积攒了太多的愤怒，因此哪怕一盘菜放了太多辣椒这点小事也会轻而易举地让他的内心暴躁起来。因此，只有借助自我反思或专业的心理咨询等方式，找到导致自己内心暴怒的关键点，才能对症下药，更好地调节我们的暴躁情绪。

二、做个全身健康体检，调整饮食结构。中医学认为，当个体肝火旺盛或者内分泌失调时，稍有不顺心就容易脾气暴躁，对人发火。比如，处于更年期的母亲和处于青春期的女儿，如果刚好碰在一起，可谓是炸弹遇火药，威力四射。此外，心理学相关研究也表明：脾气暴躁不仅会诱发心脏病，而且会增加高血压、心肌梗死等其他临床疾病的患病概率。

因此，当我们意识到自己某个时期突然变得暴躁易怒时，可以先去医院做个全身健康体检或找中医进行调理，然后结合清淡饮食、适度运动等方式促进身心的和谐健康发展。

三、巧用自我暗示法，增强自我调节情绪的能力。当我们按照上文方法找到自己容易暴躁的关键点以后，就需要有意识地观察自我的情绪变化，并在察觉到情绪即将转化为暴躁时，及时借助深呼吸、转移注意力、自我暗示等方法，将暴躁情绪从源头上进行控制和疏导，最终达到克服暴躁弱点的目的。

四、多做修身养性之事，学会宽容。宽容，不仅是宽容他人，还包括宽容自己，接纳自己和他人的不完美（包括愚笨、犯错、目光短浅等）。只要学会了用宽容的眼光去看待自己和他人，自然能够用一颗平和、温柔的心去对待身边一切的人和事，暴躁也就无从谈起了。

总体而言，暴躁的情绪伤人且不利己。与其让身边人因为自己的暴躁情绪受到伤害，感觉心痛、迷茫和矛盾，甚至不惜远离自己，我们不如从了解触发自身暴躁情绪的关键点开始，同身边的人进行深入的沟通，一起努力克服暴躁这一心理弱点，共享美好的生活。

09

自负

过度膨胀的自信

所谓自负，是指某人过高地估计自己的能力，失去自知之明，变得盲目自大。也可以说，自负就是当事人过度膨胀的自信。每个人的自负都有其独特的形成方式和表现形式。

电视剧《武林外传》里有一集讲的是：本来负责做饭的李大嘴一连几天都早出晚归，还总是锁着厨房，把佟掌柜、郭芙蓉等人饿得头晕眼花。情急之下，大家想办法打开厨房，却发现里面堆满了练武的器具。

白展堂跟随李大嘴上山探查，随后发现李大嘴不知何时练得一手好武功，能一巴掌就将青石板拍成粉末。得知真相的众人非常疑惑，但又从李大嘴口中盘问不出什么。不但如此，李大嘴还十分嚣张地要向众人现场演示自己的巴掌是如何厉害，扬言要帮秀才收拾燕小六，要和郭芙蓉、白展堂一决高下，要离开这里，闯荡江湖……

所谓自负，是指某人过高地估计自己的能力，失去自知之明，变得盲目自大。也可以说，自负就是当事人过度膨胀的自信。

一般而言，自负的人主要分为两种：一种是从出生开始就拥有傲人的家世、出众的相貌、聪明的头脑，或者经过自己的打拼与努力拥有超越大多数人的权力、财富的人，在来自他人的赞美和恭维声中，他们往往容易自视甚高，进而给人留下自负的印象。

另一种是脑海中有许多宏伟的梦想，却缺乏付诸努力的强大毅力和决心的人，他们容易放弃，害怕吃苦，时常沉溺于虚幻的满足感中，固执己见，内心却极度自卑，但一旦意识到自己某方面强于他人时，又会瞬间内心膨胀，通过抬高自己来贬低他人，以此满足自己虚弱的自尊心。

电视剧中，李大嘴仿佛是我们身边每一个普通人的缩影。他善良，没钱又抠门，喜欢吹牛，脑子一根筋，磨磨叽叽，假仗义，还开不起玩笑。毫无疑问，在其他几个有背景、有能力的伙伴面前，李大嘴是自卑的。因此，当他遇到号称武林高手的师父，并在“师父”的精心布局下，误以为自己学到了“降龙十八掌”（实则是师父巧妙利用谐音欺骗他的“降龙十巴掌”）这等盖世神功，并认为自己终于有能力和其他人叫板、抗衡时，他开始走向自卑的反面——变得极度自负。

总之，每个人的自负都有其独特的形成方式和表现形式。但除了这些不同之外，自负的人都具备如下相同的特征：固执己见，喜欢将自己的观点强加于人，嫉妒心较强，羞于低头认错，过度防卫，害怕暴露自我缺陷，缺乏自我批评的精神，难以和他人建立心理连接、产生心理共鸣等。

因此，自负者要想战胜自负这个心理弱点，需要从以下几个方面做起：

一、学会接受他人的批评。精神分析学家南希·麦克威廉姆斯认为，“自负者最害怕突然间丧失自尊，有时候他们会觉得自己一无是处，丢弃一贯的自命不凡。为了维护自恋性完美的形象，他们会有隐晦的回避表现”。但自负者需要明白，每个人都不是完美的个体，即使取得再辉煌的个人成就的人，也会有自己的缺点和不足之处。而即使看起来再失败、愚笨的人，也总会在某个方面优于他人，在某一时刻可以给予他人提醒和指导。

只有学会接受批评，尝试改变自己强硬的态度，不再害怕暴露自己的脆弱、不完美和失败，才能通过吸收他人提出的正确观点来逐步改变自我固执己见、傲慢自大的形象。

二、全面提高自我认识。要想有效克服自负这个心理弱点，培养更成熟的心理状态，究其根本，还是需要人们全面提高对自我的认识。要既能够看到自己的优点和长处，也能够正视自身的缺点和不足，更重要的是能够客观理性地对待他人的优点和长处。只有这样，我们才能获得一种较为长期、稳定且适度的自信与自尊。

三、学会谦虚做人，谨慎做事。自负的人不懂得谦虚，认为自己“天下无敌”，不需要缩着脑袋低调做人，想做什么就做什么，反正你们都没有资格来教训我。因此，他们做起事情来很容易冲动行事，不计后果。

但不管是谁，尤其是自负的人，最应该学习的就是要谦虚做人，谨慎做事。不要像童话故事里那只挑衅狮子的蚊子一样，以为自己战胜了狮子就成了百兽之王，却在高唱胜利凯歌，骄傲而归时，被蜘蛛网粘住，成了蜘蛛美味的午餐。

正如马良在《坦白书》中所说的：“我所有的自负都来自我的自卑，所有的英雄气概都来自于我内心的软弱，所有的振振有词都因为心中满是怀疑。”愿所有自负者，都能够不再自卑，不再骄傲自大，不轻易因成功而膨胀，也不因失败而气馁，准确把握自负和自信的度，成为一个自信而不自负的人。

10

贪婪

索求无度的欲望

相关心理学研究表明：造成人类出现贪婪这一心理弱点的原因，与遗传基因无关，更多来自个体在后天社会环境中受病态文化（错误的价值观念）、攀比心理、补偿心理、功利心理、虚荣心理、侥幸心理以及行为的强化作用等方面的多重影响。

《渔夫和金鱼的故事》是俄罗斯著名文学家普希金借用叙事诗形式写成的童话故事。故事中，渔夫和他的老婆一起居住在海边一座破旧的泥棚中，夫妻二人每日依靠撒网打鱼和纺纱结线艰难地维持生计。

这天，渔夫一如既往地撒网捕鱼，却在接连两次一无所获后意外捕获了一条会说话的金鱼。作为将自己放生的条件，金鱼许诺给渔夫丰厚的报酬。得知此事后，渔夫的老婆要求渔夫前去向金鱼讨要一个木盆，用来代替自己家那个已经破旧不堪的盆子。听到渔夫提出的要求后，金鱼回答道："别难受，回去吧。你们很快会有一个新木盆。"

但是，当渔夫回到家后，他的老婆不仅没有任何惊喜和感恩，反而将渔夫大骂一顿："你这个老糊涂，老笨蛋。木盆能值几个钱，你再回去问金鱼要一座木房子。"无奈之下，渔夫只好再次返回海边向金鱼许愿，这一次，金鱼仍然满口答应了他。

如果渔夫的老婆能够就此知足，接下来的日子里，她就能够和渔夫在新房子里用着新木盆，继续清贫但幸福的生活。但是，当看到金鱼真的拥有超能力，可以使自己的愿望成真时，渔夫的老婆又接二连三地要求渔夫向金鱼提出自己要做世袭的贵妇人、自由自在的女皇、海上的女霸王乃至金鱼的主人等无理要求。最终，渔夫的老婆彻底失去金鱼的信任，重新回到原先的破泥棚中，继续和渔夫过着穷苦的生活。

对于渔夫的老婆而言，她的无休止的贪婪之心不仅没有为她和渔夫换取更好的生活，反而在她提出的一个又一个无礼的要求中消磨了金鱼对渔夫放生自己的感恩之心，最终金鱼将渔夫夫妻二人变回最初的样子后，彻底消失不见。

如果说《渔夫和金鱼的故事》告诉我们的是，追求好的生活没有错，但关键是要懂得适可而止，懂得克制自己的欲望，贪婪的结果必定是一无所获。那么，下文中“农民买地”的故事则更进一步向人们揭示了贪婪的欲望永无止境，贪婪的人永远难以感到满足的真理。

相传，有个农民想要买一块地，他偶然听说另一个人恰好想要卖地，于是他经过多方打听后，终于获悉了卖地人的详细地址。他孤身一人前往寻找，没想到双方见面后，卖地人非常爽快地对他说：“只要你交给我两千元钱，我给你一天的时间，只要你能在日落之前回到起点，凡是你走过的地方都将归你所有；反之，你不仅得不到一寸土地，押金也一概不退。”

农民稍做盘算后，非常高兴地交付了两千元钱做押金，并和卖地人签订了买卖合同。第二天，太阳刚露出地平线，农民就出发了。他一直大踏步地向前走，实在走得太累，想要回头时，他就会在心中暗自鼓励自己：“再坚持一下，走远一点，买到的地就可以更大一点了，将来赚到的自然会更多。为了这些，现在累点都是值得的。”

农民就这样一直走啊走，总觉得自己走得还不够远，直到太阳快落山时，他才“恋恋不舍”地掉头往起点方向走。但是，因为他走得实在太远，返回时间又太晚，尽管他拼命奔跑，最终还是没能赶在日落之前回到起点，并且累得昏倒在地还一无所得。

所谓贪婪，是指个体对“与自己的力量不相称的某一目标过分的欲求”，是一种病态心理。心理学家研究指出，同人类正常的欲望相比较，贪婪者少有感到满足的时候，反而是得到的愈多，贪婪之心也就越大。比如，从古至今被查处的诸多贪官，一旦有了第一次受贿，就会有第二次、第三次，并且一次比一次胃口大，直至东窗事发。

此外，相关心理学研究表明：造成人类出现贪婪这一心理弱点的原因，与遗传基因无关，更多来自个体在后天社会环境中受病态文化（错误的价值观念）、攀比心理、补偿心理、功利心理、虚荣心理、侥幸心理以及行为的强化作用等方面的多重影响。

因此，对于想要克服贪婪这个心理弱点的人而言，可以尝试从以下几方面做起：

一、学会知足。古语有云“人心不足蛇吞象”。对于贪婪的人而言，欲望是无穷无尽的。但正如故事中的渔夫和农民一样，没有尽头的欲望非但没有给他们带来期待中的幸福，反而使得他们在追逐欲望的途中丢失了更多更珍贵的东西。只有学会知足，常怀一颗珍惜和感恩之心，才能在面对欲望时更加坦荡；在追逐欲望时更加明智；在放弃欲望时更加释然。

第二，放弃侥幸心理，有意识地训练和强化个人意志力。贪婪者在面对诱惑时，意志力通常较为薄弱，并且往往抱有很强的侥幸心理，认为自己不会轻易被他人发现，不会那么“倒霉”。这种侥幸心理，往往使他们一错再错，最终一无所得。

第三，培养和树立正确的人生观、价值观。换句话说，就是要学习做一个有理想、有道德、有情操的人，不仅要知足常乐，更要在强韧意志力的加持下，不轻易被物质所左右，不做贪婪欲望的奴隶。

总而言之，长路漫漫，每个人都会像渔夫和农民一样在前进的路途中面临各种各样的欲望和诱惑，理智的人选择克制，贪婪的人则容易沉迷其中，最终悔恨终生；但这并不可怕，只要掌握了上文中所讲述的几种方法，再结合乐观的心态、自省的态度以及榜样的力量等，贪婪的人必然能够成功克服贪婪这个心理弱点，理智驾驭自己的欲望，收获一个更加理性、幸福的人生。

11

懦弱

明知能做而不敢做

与其在头脑中想象自己的勇敢，不如从细微处行动起来，变成真正勇敢的人。很多懦弱者都会时常在脑海中幻想自己如何反击，如何勇敢，如何自信，但面对实际状况时却还是选择退缩。任何事情都需要不断地实践，只有在行动中才能获得真正的成长。

莉莉最近刚辞职，原因很简单，她在单位工作了将近两年时间，还是处于试用期的状态，领导一直拖着，绝口不提转正的事情。此外，单位里同事之间欺软怕硬、强烈的等级观念等种种现象，也一直让她感到困扰和不齿。

当莉莉提出辞职时，直属领导只是稍做挽留就同意了她的请求。随后经过一系列烦琐的离职手续后，莉莉被财务科科长告知可以先行离开，工资随后会直接打入她的工资卡。莉莉先是随口问道："当时入职时，我们第一个月没有发工资，也会一起补发吗？"科长："你们这一批入职员工和我们计算发放工资的方法不一样。你们是当月发放上月工资，我们是当月发放当月工资，这样算下来，你没有需要补发的工资。"

尽管心中还有异议，但莉莉抱着"都要走了，多一事不如少一事"的态度，强忍不快微笑着向科长告别。但让莉莉没有想到的是，离职第二天就是工资发放日，她的工资被扣了将近一千元。她连忙打电话给财务科科长，科长的解释是："你在职期间累计迟到、请假10天，因此扣除一千元。"莉莉辩解道："可是我作为试用期员工，一直没有签订合同，是没有全勤奖的。之前也都没有扣工资啊。"科长回复："公司规定就是这样。你们是累积到最后一期结算的。"听到这话，莉莉愤怒地想要破口大骂，但还是忍住怒火，假装平静地挂断了电话。

发放工资当日，莉莉在闲谈中从朋友处得知，根据《中华人民共和国劳动合同法》，用人单位如果超过一个月未与劳动者签订书面劳动合同的，应当向劳动者每月支付两倍的工资。

朋友劝她应当依法维护自己的合法权益，尽快去劳动局申请劳动仲裁，但莉莉害怕这样一来会让双方关系彻底僵化，也担心在公司同事那里留下不好的印象，甚至引来公司大老板对自己的报复性行为。最终，几经犹豫后，莉莉心有不甘地选择了放弃。

无论是在生活还是工作中，我们都可能会遇到和莉莉一样的情况：明明是公司违约在先，却不敢表达自己的疑惑和愤怒；不敢理直气壮地拿回属于自己的工资和申请劳动仲裁；害怕伤面子，害怕被报复，抱着息事宁人的态度一味委曲求全。凡此种种，都属于"懦弱"。

懦弱，是指软弱无能。对于懦弱者而言，他们害怕面对眼前的既定事实，对自己的想法、情绪和需求表达不够坚定，遇事常采取畏缩、逃避等方式，容易屈从他人，甚至逆来顺受，缺乏反抗精神。此外，他们大多感情脆弱，意志薄弱，不够自信。

关于懦弱个性的形成，有人曾提出"天性懦弱"的观点。但很显然这种说法太过片面和绝对。相关心理学研究表明：懦弱者之所以产生这样的心理弱点，同父母过度溺爱、袒护或过度严厉有关，也与当事人缺乏意志力、时常被忽视、不够自信、缺乏正确的锻炼和引导等因素有着密切的关系。

因此，也就是说，懦弱者是可以通过他人的帮助和自己的努力来克服懦弱这个心理弱点的，在面对不公时敢于反抗，而不是明知能做却不敢做。至于我们该如何克服懦弱这个心理弱点，具体可从以下几个方面做起：

一、正确区分宽容、善良与懦弱。网络上曾一度流传过这样几句话，"过分的善良就是懦弱""懦弱者并不是真正的懦弱，只是太过宽容"。乍看之下，这两句话似乎说得很有道理，但实际上，他们只是利用了懦弱者渴望被理解的心理，故意混淆善良与懦弱、宽容与懦弱的区别，使其产生牵强的因果联系，进而在某种程度上给懦弱者以短暂的心理安慰。

比如，身材单薄的小明走在马路上，突然有一个醉汉冲出来将他撞倒。如果小明看到他喝醉了，不与他计较更多，这是宽容；如果小明不仅没有计较，反而过去将醉汉扶起来，送至路边安全地带，这是善良；但如果小明感到非常生气，但他看到醉汉身强体壮，于是以“不和醉汉计较”为理由，掩盖自己害怕与其争执反而会惹怒醉汉的恐惧，这就是懦弱。

二、与其在头脑中想象自己的勇敢，不如从细微处行动起来，变成真正勇敢的人。很多懦弱者都会时常在脑海中幻想自己如何反击，如何勇敢，如何自信，但面对实际状况时却还是选择退缩。任何事情都需要不断地实践，只有在行动中才能获得真正的成长。

因此，懦弱者可以从生活中的细节开始进行改变，培养自己的自信心。比如，走路的时候抬头挺胸，眼睛直视前方，说话声音洪亮，与他人对话时多使用“我”来表达自己的感觉、想法和需求等。

三、敢于反抗，勇于承担责任。懦弱者之所以不敢反抗，很多时候是因为他们认为自己无法承担反抗之后产生的后果。但心理学家指出，勇于承担是摆脱懦弱的关键。懦弱者可以尝试从在餐厅要求换一个安静的位置等小事情做起，向他人表达自己的不满、疑惑以及愤怒等情绪，进行适度的坚持和反抗，逐步认识到合理的反抗是被允许和被理解的，而承担反抗的后果是反抗者必须担负的责任。

总而言之，每个人或多或少都会有懦弱的一面，相较而言，内向者要比外向者更容易被懦弱这个心理弱点所掌控，克服和改变的道路也更显艰难曲折。但只要懦弱者在每一个害怕冲突、无法拒绝、愤怒痛苦又必须忍耐的时刻，尝试以上方法，积极的改变自然就会出现。

12

轻信

容易相信他人

轻信就是指轻率地相信他人。尽管这个道理很多人都懂，但心理学相关研究表明：在现实生活中，较为自卑、善良、天真、无知以及贪念较重的人明显更容易接受他人暗示和轻信他人。

孟海是一名收藏爱好者，尤其偏爱收藏明清时期生产的瓷器。这天，同为收藏爱好者的杨萌突然打电话要求上门拜访，声称自己手里有一件清朝时期的瓷器。由于此前和杨萌在收藏爱好者交流会上有过几次短暂的交流，孟海对她印象还不错，再加上对其手中所持瓷器的好奇，他特别爽快地答应了杨萌的请求。

见面后，还未坐定，杨萌就急忙从手提包中拿出一件瓷器递给孟海，神神秘秘地说道："以我不高的鉴赏水平来看，这应该是清代乾隆年间生产的，货真价实的景德镇瓷器。"一听此言，孟海心里暗自惊喜不已，但还是故作镇定地问道："从哪里找到的？价格多少？"

杨萌："说来也巧。我今天上午去古玩市场淘货，看到有个男孩蹲在地上售卖这个瓷器。我当时就觉得这不是一般的瓷器，过去一问才知道，这是男孩家里从祖辈上传下来的，现在因为他父亲得了癌症，母亲又瘫痪在床，不得已才拿出来贱卖换取医药费。"孟海："确定是真品？"杨萌："你还不相信我吗？不信我这就带你去那男孩家里瞧瞧。再说，你不要我可以卖给别人，亏我念叨着你平时最喜欢这玩意儿，慌里慌张买下来给你送过来。算我多管闲事。"

孟海本就十分相中这件瓷器，又见眼前杨萌这副又委屈又生气的样子，瞬间打消了心中原有的顾虑，转账1万元给了杨萌。几天过后，恰逢某位收藏界的前辈来到孟海所在的城市举办讲座，孟海满心欢喜地带着瓷器前往，希望得到前辈的肯定，顺便卖个好价钱。但那位前辈仅仅粗略地看了两眼后，就认定这是件来自解放初期的赝品，价值最多不超过400元。孟海顿时傻眼了。而那个杨萌也彻底失去了联系。

顾名思义，轻信就是指轻率地相信他人。尽管这个道理很多人都懂，但心理学相关研究表明：在现实生活中，较为自卑、善良、天真、无知以及贪念较重的人明显更容易接受他人暗示和轻信他人。其中，女性较之男性、青少年和老年较之中年人、受教育水平低的人较之受教育水平高的人更容易轻信他人。

此外，值得一提的是，轻信他人中的“他人”是指代个体以外的所有人，包括个体的配偶、兄弟姐妹、父母、其他亲属朋友、同事领导等，并非单独指代个体不熟悉的陌生人。那么，面对此种状况，在倡导团结合作、相互信任的现代社会中，个体应当如何平衡轻信与信任之间的关系？又如何做到不轻信他人，避免伤害和损失的发生呢？具体可从以下几个方面做起：

一、克服占小便宜、贪婪等心理弱点。有时，不是人们愿意轻信他人，而是被内心占小便宜的沾沾自得和欲望膨胀的贪婪所蒙蔽，只顾自己即将得到的利益，却全然忘记问自己一句这是为什么和凭什么。

比如，大学毕业后，晨晨独自前往国内某著名旅游城市游玩。在火车上，她旁边座位上坐着一对情侣，一路打打闹闹，看起来很是甜蜜恩爱。短暂的交谈中，他们得知三个人来自同一个省份，晨晨内心更是倍感亲切。

临下火车时，情侣中的女生问晨晨住宿预订好没有，晨晨回答“没有”。女孩立刻热情邀请道：“我们两个在火车站附近租有一套两室一厅，刚好还有一个房间空着。现在已经是晚上十一点钟了，还下着大雨，你一个小女孩，人生地不熟的，如果不介意的话，今晚可以来和我们一起住。”

晨晨心想：我们是老乡。看他们一路上说话打闹的情形，也不像是在演戏的坏人。再说，我一个人在下着雨的夜晚出去找旅店确实挺害怕的。不如答应他们，还可以省一晚上的住宿费。随后，晨晨和情侣一起回到了他们租住的地方。进去后，晨晨却发现里面还同时居住着另外两对夫妻。原来，这里是一个传销组织的窝点。

就这样，为了省一个晚上的住宿费用，晨晨将自己送入了传销组织的虎口，并在里面备受折磨，很久之后才艰难逃脱。事后，她不停地后悔道："为什么那对情侣会主动邀请我？凭什么要相信他们？为什么宁愿冒着风险相信一对陌生人，也不愿意花费一百多元钱去住更加安全的旅馆？如果当时多问自己这些问题，也许就不用遭受后面那些身心上的痛苦与折磨了。"

二、不断学习，拓宽知识面。有时候，我们轻信他人是因为在同对方交谈时，自身拥有的知识较为有限，因此难以判断对方言语中究竟有几分是真，几分是假，尤其是当对方讲出一些较为高深的专业名词时，更容易提升我们的信任感。因此，这就需要我们不断加强自我修养，广泛涉猎，不断充实和提升自己，当我们懂得越来越多后，自然就不容易被他人所骗了。

三、经常自我反思。俗话说："吃一堑，长一智。"但现实中，很多轻信他人的人往往是一犯再犯。他们可能今天轻信了这个人，告诉自己要长经验，记住这次教训，但转脸就会被另外一个人使用另一种手段所迷惑，再次选择轻信。甚至有时候同样的人、同样的手段都能多次骗到他们。

出现这种情况的原因，除了这些人心地善良，太过天真，不对人设防之外，主要还是在于他们缺乏自我反思意识。每一次轻信他人，尤其是损失不太严重的情况下，他们并没有把这件事真正放在心上，认真思考下次遇到这种情况应该怎么提防等问题，以至于他们一再上当。

四、听从他人意见的同时，更要培养自身独立思考与合理怀疑的意识。这并非是说，任何人、任何事都不再值得相信，而是说在面对他人及其所说的话语时，可以信，但不能全信。在相信的同时，注意保持自己独立的思考，借助于请教他人、多提问题和工具查找等手段验证自己的疑惑，最终加以取舍。

总而言之，正如古籍《增广贤文》中所说："逢人且说三分话，不可全抛一片心。"在与人日常相处和交往中，要有自己的主见和判断能力，不可把心里话全都说出来，更不可别人说什么就是什么，轻信他人。

13

以偏概全

只见树木不见森林

以偏概全这个心理弱点并非是某类人的专属，生活中的很多时候，每个人都容易在不自觉的情况下犯此类错误。而造成这种心理现象的原因，包括来自社会、家庭、工作等方面的刻板印象的影响以及人脑先天更喜欢简单化、更倾向于用少数经验得出普遍规律等因素。

正值下午茶时间，办公室里一群同事围坐在一起聊天，不知怎的聊到了某个话题，一向以“爽快人”自称的丹姐高声说道：“让我说啊，现在的应届大学毕业生完全靠不住，不像咱们那个时候，都是实打实怀揣一身真本事，还特别踏实、吃苦耐劳。”话音刚落，旁边就有人附和道：“就是就是。现在的孩子都被宠坏了。眼高手低，难以指望。”只有坐在角落里的鹏鹏在心里悄声嘀咕道：“纯属以偏概全。并不是所有大学生都像你们讨论的那样无用的。”

所谓以偏概全，是指用片面的观点看待对象整体。上文中，在面对当今大学生是否靠谱的问题时，丹姐及其他同事仅仅依靠自己平日里听到或者看到的关于大学生的负面信息，就轻易地得出“当今大学生完全靠不住”这个结论，却忽略了更多大学生勤奋学习、努力上进的积极一面。

诸如此类的事情还有很多。比如，初中毕业后小张凭借父亲的资助开办公司，成为董事长，遇到研究生毕业前来求职的初中同学小王。小张得意地借此向别人宣扬“读书无用论”，却看不到自己与小王在个人素质、审美情趣、认知思维等方面存在的巨大差异。

再如，网上出现“河南空姐夜间搭乘顺风车被残忍杀害”的新闻时，有网友立即抛出观点，叫嚣道，“河南那个种地大省出现这种事情不稀奇”“河南人素来就是欺诈偷摸的高手”。甚至还有某知名企业被爆出在招聘中公然歧视河南人的消息。难道说，因为这些发生在河南或者因为河南人而发生的事情，就能够证明所有河南人都是坏人了吗？

当然，对于人们而言，以偏概全这个心理弱点并非是某类人的专属，生活中的很多时候，每个人都容易在不自觉的情况下犯此类错误。而造成这种心理现象的原因，包括来自社会、家庭、工作等方面的刻板印象的影响以及人脑先天更喜欢简单化、更倾向于用少数经验得出普遍规律等因素。

因此，要想克服以偏概全的心理弱点，就需要人们在日常生活和交往中做到以下两点：

一、必须坚持客观地看待身边的人和事，不断增长自己的见识，学会收集、整合多方信息，从实践中培养成熟、稳重、理性客观的处世能力和方式。

比如，在盲人摸象的故事中，四个盲人都渴望知道大象到底是什么样子。由于眼睛无法看到，只好用手去触摸和感受“大象”，进而结合自己的生活经验和已有认知，最终构造出自己脑海中的“大象”。

在这个触摸和认识的过程中，摸到大象牙齿的盲人认为“大象和萝卜差不多”；摸到大象耳朵的盲人认为“大象像一个簸箕”；摸到大象粗壮的双腿的盲人认为“大象是一根很粗的柱子”；而最后摸到大象尾巴的人，他心中的大象是一根草绳。

四个盲人开始为自己脑海中的大象争吵起来。但回顾整个“识象”的过程，他们都很认真地进行了实践，也各自做出了自以为很客观的认识和评价，可为什么最终还是无法避免出现以偏概全的错误呢？问题在于他们没有及时共享信息，没有收集和整合其他三位盲人的“识象”信息，而是各自孤立地做出了最终判断，自然无法获得关于大象的正确、全面的信息。

二、勇于承认自己的无知。不管是客观看待人和事，还是多方面分析各种信息，做到这些最重要的一个前提是：要勇于承认自己的无知。只有承认自己是无知的，清空自己头脑中先入为主的印象，才能用更加包容、开放的心态重新学习，以更为客观的态度看待问题。

总而言之，生活就是最好的老师。在人生的课堂上，不以偏概全，也就是不能听风就是雨，不一叶障目，不盲人摸象；既能看见树木，也能看见整片森林，既能听见雨落的声音，也能听见天空中云在呢喃。

14

猜疑

缺乏根据的怀疑

所谓猜疑，简而言之就是怀疑、起疑心。通常用来指代没有根据地怀疑别人，是无中生有的，对他人他事都不能完全放心的一种心理状态。

相关心理学研究表明，猜疑心理不仅是人们常见的心理之一，同时也是人们共有的心理弱点之一。

一天晚饭过后，唐芳和男朋友庞军一起外出散步。两个人边走边聊着半个月后中秋节的假期规划。唐芳：“刚好我妈在放假那天从国外回来。到时候咱们一起去机场接她，然后一起回老家。”庞军：“可以啊。不过我可能需要提前一天回来。”唐芳疑惑地询问道：“哪天？”庞军：“假期的最后一天吧。一大早就回来。”

唐芳顿时心生疑虑，继续追问道：“是单位需要加班？还是其他事情？”庞军语焉不详道：“就是有点事儿。”听到庞军如此顾左右而言他，不愿意正面回答自己的问题，唐芳心中的怀疑更深。她不依不饶道：“到底是什么事儿？”庞军：“有个朋友要过生日。”唐芳：“你的朋友我都认识。你直接说名字不行吗？”庞军：“李贤。”

听到李贤这个名字后，唐芳差点儿控制不住自己的情绪同庞军当街吵起来。原来，李贤、庞军以及庞军的初恋，都是初中的同班同学。虽然现在庞军和初恋已经分手不再联系，但每次庞军和李贤见面时，唐芳心里都担心庞军会借此机会和初恋重修旧好。

从唐芳和庞军两个人简单的对话中，我们可以看到：唐芳对庞军在假期最后一天究竟是否是去参加李贤的生日聚会以及是否会假借参加聚会的名义去同初恋相见，都心存猜疑。尤其庞军在谈论这件事情时语焉不详的态度，更是进一步加深了唐芳心中本就存在的对于“庞军与初恋相见”的担忧和疑虑。

但实际上，所谓庞军的这种“遮遮掩掩”真的是因为要借参加李贤的生日聚会与初恋会面吗？未必。可能更大程度上是因为他清楚地知道唐芳太过于在乎自己，在这段感情中缺乏安全感，同时她对于自己与初恋之间的关系心存怀疑和芥蒂，为了避免她的猜疑和无理取闹，才选择了语焉不详的方式，试图蒙混过去。但最终却适得其反，反而扩大和强化了唐芳心中的猜疑。

所谓猜疑，简而言之就是怀疑、起疑心。通常用来指代没有根据地怀疑别人，是无中生有的，对他人他事都不能完全放心的一种心理状态。猜疑心过重的人，在看待人与事物时，习惯性地从自我的主观想象出发，而不是依据客观证据理性地分析问题。比如，唐芳根本就没有任何证据能够表明庞军参加生日聚会是为了和初恋见面，但她仅凭庞军吞吞吐吐的语气，就直接坐实了这个“想象中的事实”。

对于如唐芳一样的猜疑者而言，他们中的大多数都善于联想和想象，轻则疑神疑鬼、捕风捉影，重则无中生有、节外生枝。在自我假定与想象中，他们处处神经过敏，用胡拼乱凑的事情去证实自己内心的假定，难以信任他人，也使得自己在无尽的猜疑中疲惫不已。恰如培根所说：“猜疑之心犹如蝙蝠，它总是在黄昏中起飞。这种心理是迷陷人的，又是乱人心智的，它能使你陷入迷惘，混淆敌友，从而破坏人的事业。”

此外，相关心理学研究表明，猜疑心理不仅是人们常见的心理之一，同时也是人们共有的心理弱点之一。比如，有的人前去商场购物，看到售货员态度稍显冷淡时，就会怀疑是售货员看不起自己，骂骂咧咧地离开；有的人在班级活动中，看到老师总是提问某位同学而忽略自己的举手示意时，就会怀疑那位同学私下里讨好老师或者他们之间有什么关系，或者老师不喜欢自己；等等。

因此，要想改变这种爱猜疑的心理现状，克服猜疑这项心理弱点，可以尝试从以下方面做起：

一、找到自己爱猜疑的心理源头。从心理学层面上来讲，猜疑心理的产生主要是由错误且封闭的思维定式、缺乏自信和安全感以及在人际交往的挫折中形成的自我防卫等因素引起的。

其中，错误且封闭的思维定式，具体是说，爱猜疑的人的思维模式都较为封闭、单一，缺乏灵活性和客观性，又往往难以听从他人的劝解，凡事都用自己的思维定式，先入为主，按图索骥，从主观想象的结果出发进行理解和思考，并最终落脚于主观想象的结果上，如作茧自缚般地将自己紧紧缠绕在思维的圆圈中，无法自拔。

比如，王东在公司最近一次的考核中没能成功转正。他怀疑是因为自己在工作中没能像其他人一样奉承人事处的刘处长，所以她才故意从中作梗。从这个主观想象的结果出发，在此后的工作中，王东仔细观察、对比刘处长对自己和对其他同事的态度，更加确认刘处长十分不喜欢自己，总是在工作中刻意针对自己，反而处处袒护那些对她阿谀奉承的人。王东心中对刘处长的憎恶也就越积越深。

但是，当某次和同事聊天时，王东得知当初自己没能转正是因为自己的主管领导杨主任投了反对票，刘处长反而是极力推荐自己的，他再回头去看刘处长时，竟觉得刘处长其实对自己十分和蔼、温柔。

二、全面分析和查证。在怀疑产生时，爱猜疑的人需要冷静、理智、客观地进行分析，找到自己怀疑的原因并进行查证，而不是藏在自己的心中任其不断发酵。

三、开阔心胸，多与他人沟通。出于不自信、缺乏安全感等方面的原因，爱猜疑的人在为人处世中常显得不够落落大方，不仅斤斤计较、心眼极小，而且容易偏听偏信。

因此，这就需要我们不断加强自身修养，借助心理辅导、旅游、画画、倾诉等方式开阔心胸，增加心灵的透明度，学习并掌握沟通的技巧，在沟通中消除猜疑，增加信任。

总而言之，在日常生活和与人相处中，无论是谁都难免会有心存疑惑的时候，但我们一定要尽量保持冷静，学会全面、辩证地看待人和处理事的方式方法，切勿任由自己捕风捉影，全凭主观判断与想象做出结论。毕竟，没有人喜欢被无端猜疑，也没有人喜欢生活在身不由己的猜疑中，陷入难言的焦虑、痛苦。

15

好面子
打肿脸充胖子

对于好面子的人而言，他们不仅自己要面子，也十分讲究给别人面子。相关心理学研究表明，好面子这个心理弱点的背后，隐藏着人们内心对尊严的重视与渴望。

电视剧《断奶》中，李俊鹏和安琪这对小恋人约好带着各自父母在饭店见面，商谈结婚一事。临出发前，安琪的父母都穿上了各自最名贵的衣服。安琪母亲还不断嘱咐老伴吃饭时要注意言行，不能像平时一样稍有不满就爆发出来，以免让亲家看笑话。

但在宴席上，由于安琪的父亲和李俊鹏的后妈吴非在上大学期间曾有过一段个人恩怨，再加上身为教授夫人的吴非一直认为出身低微的安琪嫁给李俊鹏是为了钱，所以在言谈间，吴非总是摆出一副高高在上的姿态。安琪父亲对此很是愤怒，但在安琪母亲的劝阻下他选择了忍耐。岂料，吴非在双方接下来的谈话中，越说越离谱，不仅提出了让安琪家出十万元来装修房子的无理要求，而且直接暗示李俊鹏和安琪在一起后变成“月光族”，为安琪花了许多钱。此时此刻，安琪和她的父母再也无法继续忍耐，愤怒地离席而去。

在这个故事里，穿最好的衣服、注意言行、不要让亲家看笑话，就是安琪父母要面子的典型表现。面对吴非的挖苦和挑衅，安琪父亲第一次选择忍耐，是为了给安琪及李俊鹏家人一个面子；而第二次安琪一家愤怒离席，则是因为在这场宴席中，吴非没有给安琪和安琪父母面子，明里暗里直指安琪是一个虚荣、爱钱的女孩，这对安琪及其家人来讲是一种极大的羞辱。

在很多影视剧中，都会出现类似的片段：老同学聚餐结束时，总有这样一个人，明明大家都知道他过得非常拮据，但他还是争着抢着要付钱买单；当分手多年的恋人再次相遇，问起彼此生活的状况时，不管实际情况多么糟糕，也总是笑着回答“特别好”；职场相处中，面对同事的无理要求，尽管内心十分不情愿，但还是硬着头皮应承下来，最终不得不花费大量的时间和精力去完成；等等。诸如此类，这些行为都被人们统称为——好面子。

在这个世界上，不管是男人还是女人，老人还是小孩，达官贵族还是平民百姓，人人都在乎一个面子问题。尤其是对于爱面子的人而言，什么都能丢，但就是不能丢面子。那么，究竟何为面子呢？

作为人们重要的心理特征之一，“面子”是一种“由于个人表现出来的形象类型而导致的能不能被他人看得起的心理和行为”。在中文释义中，“面子”往往又被看作是个人尊严的象征。

对于好面子的人而言，他们不仅自己要面子，也十分讲究给别人面子。相关心理学研究表明，好面子这个心理弱点的背后，隐藏着人们内心对尊严的重视与渴望。比如，玲玲本身家庭条件并不富裕，但她还是不顾家人劝阻，坚决替儿子选择了一家价格昂贵、双语教学的私立贵族幼儿园。她之所以这样做，一方面是不愿意身边的朋友、同事瞧不起自己，另一方面是希望让儿子尽早接触到上层社会的生活，扩大人际交往，将来更有出息，好让自己在他人面前有炫耀的资本，赚回面子，获得心理上的满足感。

因此，人们应当尝试从以下几个方面进行改进，克服好面子的心理弱点，让生活变得更随性、轻松。

一、懂得面子不是别人给的，是靠自己“赚”的。不要把面子等同于尊严。面子要靠自己“赚”，靠不断地提升自己来获得，靠强大的素养来作为支撑。

比如，初中毕业的企业老总李伟偶然遇见博士出身的大美女琳达，他对琳达一见钟情，并展开了热烈的追求。这天，李伟的合作伙伴举办了一个私人聚会，李伟极力邀请琳达和自己一起前往参加，琳达勉强答应，但在聚会上，当李伟向合作伙伴介绍琳达是自己的女朋友时，琳达当场毫不犹豫地说：“不好意思，可能李总有所误会，我只是答应您来参加这次聚会，但并没有答应做您的女朋友。”

面对此种情形，可能其他人早就愤怒不已，认为琳达过于清高孤傲，不懂得在别人面前给自己面子，但李伟只是淡淡一笑，随即面朝琳达躬身道：“我为自己刚才的言语冒犯向您道歉，但也希望您能理解我渴望早日抱得美人归的迫切之心。”言毕，众人皆哈哈大笑。

琳达也顿时对李伟另眼相看，不再对他接下来的追求感到反感。此后，李伟更是虚心学习，努力弥补自己在琳达面前学历较低的短板，最终凭借不卑不亢的态度、幽默的性格、诚心的努力，成功俘获了琳达的芳心。

二、懂得控制自己内心的欲望，避免随波逐流。对于一部分人而言，他们好面子主要是难以克服内心的自卑，眼睛总是望向别人，但又害怕别人瞧不起自己，为此不顾实际情况，盲目地追随和模仿他人。比如，学生为使用苹果手机借高利贷、家长一味追求名校抬高学区房房价、女生傍大款只为不断购买奢侈品等。

三、学会放下，不做完美主义者。很多时候，人们尽管知道太过注重面子不好，但面对实际问题的时候，还是很难以说服自己不去在意。其实，只要明白“金无足赤，人无完人”的道理，不忘初心，不勉强自己追求那些原本不属于自己的东西，自然就能挣脱“面子”的束缚，变得更加洒脱、快乐。

总而言之，好面子固然在某种程度上能够促使人们更加积极奋进、努力拼搏，探索人生新的可能，但还是需要注意方式方法，懂得节制，万万不可为了面子而做出“打肿脸充胖子”之类的不理性行为，损人不利己，伤身又伤心。

16

从众

随波逐流的安全感

作为当今社会中，人们普遍存在的一种心理弱点，从众行为并非是指单纯的“少数服从多数”，更多的是一种消极的、盲目的心理懈怠行为。

盲目的从众则更容易发生在那些懒于思考、知识面狭窄、迷信权威、渴求群体认同感的个体身上。

2011年3月，日本核电站爆炸并引发大规模的核泄漏。与此同时，以中国江浙沿海城市为中心，关于“含碘食用盐可以预防核泄漏诱发的核辐射污染问题”的谣言也迅速蔓延扩散，在全国各地引发了一场轰轰烈烈的“抢盐潮”。其中，武汉市的郭先生更是在这场抢盐潮中，以“花费2.7万元购买1.3万斤食盐”的疯狂行为，被人们戏称为“抢盐帝”。

在随后的采访中，当记者询问郭先生为什么会一次性购买如此多的食用盐时，他说道：“当时到处都在传言吃碘盐可以防辐射。尽管食盐的价格从原先的几毛钱迅速涨价到了2块多一袋，但人们还是疯了一样地整箱整箱往家里搬，不管超市还是小商店，到货的食用盐很快都会销售一空。我一看这种情况，心里特别着急和害怕，唯恐自己再不囤货就很难再买到盐了，或者价格会越来越高。”

记者反问道：“所以您就一口气买了这么多？”郭先生：“是啊。这还是我跑了3家店铺，分批买来的呢。”记者：“现在您打算怎么处理这批食盐？”郭先生：“购买时没能保留单据，商家拒绝退货。那些食盐现在全都堆在家里，我也不知道该怎么办。如果当时不盲目跟风就好了。”

现实生活中，类似上文中郭先生一样，盲目从众的例子不胜枚举。比如，逛街时，相邻的两家糕点店，一家排满长队，一家冷冷清清，人们就会更倾向于排长队的那家店铺；领导发言时，尽管内心并不十分认同，但看到同事们都在鼓掌，自己也会跟着拍手；过马路遇到红灯时，本来自己正严格遵守交通规则，站在路口等待绿灯亮起，但看到其他人都闯红灯时，也会跟随他们一起闯红灯；等等。

所谓从众，通俗来讲，就是人云亦云，随大流。具体是指，在群体观念和行为的影响下，个体有意识或下意识地从直觉、判断、认识以及行为上趋从群体，并与大多数人保持一致的社会心理现象。

一方面，作为当今社会中人们普遍存在的一种心理弱点，从众行为并非是指单纯的“少数服从多数”，更多的是一种消极的、盲目的心理懈怠行为。其中，消极的从众主要体现为面服心不服，是一种行为从众但心理独立的矛盾现象。比如，工作中，领导提出一种解决方案，小鹏认为其中纰漏甚多，但碍于同事们都向领导表示了赞赏和恭维，他也只好将否定之词压在心底，选择顺从。

盲目的从众则更容易发生在那些懒于思考、知识面狭窄、迷信权威、渴求群体认同感的个体身上。他们的想法大多为“别人怎么想，我也怎么想”和“别人怎么做，我也怎么做”。

比如，本文开头故事中的“抢盐帝”郭先生，如果他稍微了解一点关于我国食用盐大部分是矿盐，或者日本核电站泄漏的放射性物质本来就很少，再加上海水的稀释作用，基本上很难对我国沿海地区造成影响等相关方面的知识，也不会出现盲目跟随大众，囤积 1.3 万斤食用盐的“笑话”了。

另一方面，在关于从众心理的影响因素的相关心理学研究中，人们发现：当群体的规模越大，凝聚力越强时，从众行为也就越容易发生；当个体在群体中处于领导位置或者对从众对象较为了解时，则较少出现从众行为。

此外，还有研究结果表明：较之男性，女性更容易出现从众行为；较之青壮年，老年人、儿童和青少年更容易跟从他人。而纵观我们生活中那些从众性强的人，他们大多缺乏主见，容易接受他人的暗示，不够自信，害怕被孤立，渴望得到他人的认可和肯定，自然也就更容易被某些商家、促销员、新闻媒体等加以利用。

那么，人们应当如何避免和克服从众这个心理弱点，正确分辨是非，坚持自我呢？具体方式如下：

一、及时察觉从众心理的出现，并学会自己独立判断。凡事有利又有弊，从众行为自然也不例外。在某些情境下，从众行为能够帮助人们扩大视野、增强内心的安全感以及培养集体荣誉感。比如，大扫除中偷懒的某位同学，看到大家都在勤快地打扫卫生时，基于从众心理，又重新加入打扫的队伍中，最终和全班同学一起使教室焕然一新。

但在大多数情境下，从众行为轻则使人们购买不合身的衣服，不好吃的食物，囤积过多的日用品，重则会诱发吸毒、杀人等违法犯罪行为的发生。因此，这就需要人们在察觉到自身出现从众心理倾向时，能够多想想自己真正需要的是什么，要增加自己的独立判断，而不是人云亦云，盲目跟随别人的选择。

二、提高自制力和独立性，既不故步自封，也不盲目从众。对于拥有较强自制力和独立思考能力的人来讲，他们很少会在生活和工作中出现从众行为。面对自己遇到的选择上的分歧，他们既不会一味地固守自己的看法和观点，也不会盲目相信和追随他人。

三、培养自尊心和自信心。在某种程度上，从众行为是个体为了避免被他人排斥和孤立，想要获得他人认可和内心的安全感而选择的一种消极性应对方案。因此，当人们通过努力增强自信心、获得自尊心之后，自然就不容易出现表面顺从或者盲目追随等从众行为。

总而言之，农民播撒下的每粒种子，都有它自己破土而出的方向；乐手弹奏的每个音符，都会奏响它独有的旋律。希望每个人都能够通过上文中所讲述的方法，培养自信心，提高自制力，不寻求随波逐流的安全感，不盲从，最终成为一个善于独立思考的人。

17

依赖

没有你，我将无法独活

依赖心理通常是指个体难以或者无法自给自立，必须依靠某人、某事或某物的一种心理状态。具体而言，个体依赖的对象可以是某种精神存在，可以是金钱、手机等物质性的东西，也可以是某个具体的人，甚至是某个场所、某款游戏，并无统一标准。

关于“懒人吃饼”的故事，版本众多。其中有一个版本是这样讲的：相传古代有一对夫妻，两人结婚很多年，好不容易才怀了一个孩子。因此，孩子出生后，夫妻二人是含在嘴里怕他化，捧在手心怕他摔，打也舍不得，骂也舍不得，溺爱得紧。长此以往，孩子被宠溺得个性极为乖戾，稍有不顺就对父母呼来喝去，而且还十分懒惰和依赖父母，哪怕是喝口水都需要妈妈端着喂到他嘴里。

某天，夫妻二人有事需要外出几天，由于路途太过奔波劳累，他们只好将孩子独自留在家中，并特意为他烙了七八张大圆饼，套在他的脖子上。每当饿的时候，孩子只需要抬起胳膊，动动手指就能吃到饼。但这对夫妻没有想到的是，等到他们回来时，孩子早已饿晕在床，奄奄一息。

丈夫疑惑道：“我们明明准备了足够的大饼给他吃，他怎么还会饿晕呢？”妻子同样困惑不解。直到她扳起孩子的肩膀准备给他喂水喝时，才发现：孩子低头就能碰到的（下巴周围的）饼都已经吃得差不多了，而脖子后面的饼依然完好无缺，会饿晕自然也就不奇怪了。

表面上看，这个孩子会饿晕是因为他懒得转动套在脖子后面的饼。但实际上，从心理学层面来讲，孩子“懒得转”的背后更多的是对父母的过度依赖。由于夫妻两人对孩子的过分宠爱和照顾，孩子在成长过程中逐渐丧失了独立思考和动手的能力，进而滋生出了严重的依赖心理，认为什么事情都有父母的帮助，自然就越来越懒得动手了。因此，可以说，一个人幼年时期的家庭环境和教育与其依赖性的轻重程度往往有着密切的关系。

依赖心理通常是指个体难以或者无法自给自立，必须依靠某人、某事或某物的一种心理状态。具体而言，个体依赖的对象可以是某种精神存在，可以是金钱、手机等物质性的东西，也可以是某个具体的人，甚至是某个场所、某款游戏，并无统一标准。

相关心理学研究认为，适度的依赖会使人与人的关系更亲密，更有利于双方关系的确立和发展。当置身于这种适度的依赖关系中时，双方都清楚地知道彼此是被需要和重视的，但同时又是独立的、放松的。借用心理学家罗伯特·F. 伯恩斯坦的话说就是："适度的依赖关系中，双方既融合了亲密感和自主感，又保有强大的自我意识；很愿意接受对方的帮助，也不会因为向对方求助而觉得自责。"

但对于那些像"吃饼的懒孩子"一样的过度依赖者而言，他们总是缺乏"界限感"，对亲近与归属有过分的渴求，时常给人一种"没有你我就不能活"的感觉。他们通过依附他人来放弃自己的义务，逃避原本应当承担的责任，一旦对方稍有疏离之意，就会陷入焦虑、恐慌、愤怒等负面情绪中，甚至不惜通过言语、身体伤害等方式威胁对方，以取得关系中的支配地位，继续维持双方间的依赖共生关系。长此以往，不仅依赖者自己在丧失自我中痛苦纠结，也会给依赖对象造成很大的心理压力。

因此，这就需要那些习惯过度依赖他人或者有过度依赖他人倾向的人，尝试从以下几个方面做起，逐渐摆脱依赖这个心理弱点，早日实现真正的独立，建立良好的人际互动关系。具体措施如下：

一、发现自我的独立性。有句话是这样说的："真正的独立是从心理开始的。"而要想从心理上开始独立，"精神断奶"就显得尤为重要。这是因为，过度依赖者仅仅是完成了和母亲在哺乳关系上的断离，这是一种形式化的、表面性的断奶；从精神层面来看，依赖者并未真正实现人格上的独立和自由。

比如，有些恋爱关系中的成年人，特别依赖对方，要求对方不管做什么事情都要和自己在一起，一旦对方稍有拒绝之意，就会感到伤心、失落乃至愤怒，这其实就是将自己孩童时期在父母身上没能实现的依赖关系转移到了恋人身上，将随时随地的陪伴看作是关心、爱护和在意。

二、多进行自我追问，静下心来感受自我依赖情绪背后隐藏着的心理状态。当意识到自己对某人、某事或某物的过度依赖心理后，应尽量保持冷静，而不是一味地自责、焦虑或者恐慌。

三、找到依赖心理的起因，勇于改变，培养掌控感。通过对依赖这个心理弱点的分析我们可以看到：依赖心理的产生通常同个体的原生家庭存在密切联系。一方面，可能这个家庭中的父亲、母亲、哥哥、姐姐中，有的人个性较为强势，在个体面前扮演了一个掌控者的角色，个体只需要接收并完成其发出的指令即可。长此以往，个体慢慢习惯了这种掌控与执行的相处模式，进而自暴自弃，对自我以及自主选择丧失信心，越来越依赖对方以及生活中遇到的其他掌控型对象。

另一方面，就是像“吃饼的懒孩子”的父母一样，对孩子过度溺爱。关于孩子的一切，父母都以“不放心、你不懂”为由，大包大揽。于是孩子在经过最初的尝试失败后，慢慢滋生了惰性，乐于坐享其成。面对这种情况，就需要过度依赖者以及有依赖倾向的人，通过心理咨询、同父母朋友谈心、自我反思等方式，找到自己依赖他人背后的深层原因，从说服家人做起，从小事做起，学会自主收集信息并做出判断和选择，培养自己对生活的掌控感，迈出心理独立的第一步。

总而言之，成长的过程就是在独立和依赖中左右摇摆，努力寻求平衡的过程。希望每个人都能够成功找到适用于自身的那个平衡点，既不过分自我，也不过分依赖，允许自己在他人面前暴露恐惧和脆弱，接受他人的帮助，也敢于独自一人直面生活中的琐碎小事，乃至波涛汹涌。

18

固执
我说的就是对的

美国心理学家莱昂·费斯汀格认为，人的固执心理是由认知失调导致的。他的看法是，当我们遇到信念与现实发生冲突的情况时，这种局面会导致自身的认知失衡，这时，我们就会感觉到心理冲突，从而想办法恢复心理平衡。

35 岁的董建已经在电视台工作 12 年了，在单位里也算是老资格了，而且董建的业务水平很不错，他是他们所在部门的管理者。平时这人倒也乐呵呵的，没啥问题，不过在工作上交流意见的时候，他就变得非常倔，不肯采纳别人的意见。

董建的下属面对这样的一个上司都很为难，因为董建根本不愿意把部门的大部分工作分配下来，交给大家做。他觉得下属的工作能力不行，自己无法信任他们，于是，他就把所有的工作独自包揽，不听任何人的意见。

有一次，一个来实习的女生还没摸清楚董主任的脾气，居然去跟董主任说，她觉得主任制订的这个方案里有一些采访的点不够新颖，需要改进。结果她没想到，自己看到的是一张臭脸。董主任一听到有跟他意见不一致的内容，立即就不想听了，把实习生“请”了出去。

下属们见到董主任这样安排工作太不像话了，于是想要请董主任吃个饭，好好谈谈这件事。

董主任接受邀请来吃饭，也是迫不得已的，他本来坚决不来的，因为在他看来，跟下属聚餐是一种风气败坏的行为。可是，那天他老婆正好不在家，没人给他做饭，他觉得一个人出去吃饭太奇怪了，于是迫不得已来参加聚餐了。

这次聚餐，董主任的下属一个不少都到了。大家本来想要好好跟董主任谈谈工作安排的事，结果，大家万万没想到，这个主任那么爱喝酒。他们还一筷子菜没夹呢，主任都喝了三瓶啤酒了，而且没有一点醉的迹象。但因为下属们想要跟董主任谈正事，所以就劝董主任少喝点酒，保持头脑清醒。结果主任根本不听劝，不但自己一杯一杯地下肚，还拉着别人一起喝，搞得大家都很为难。最后，看董主任已经喝得很醉了，大家也没办法再跟他交流工作上的事了。

大家想着找一两个同事送董主任回家。结果，麻烦事又来了。

董主任不准别人送他，硬要自己开车回去。看董主任这个差不多烂醉如泥的状态，大家觉得他这样开车回家实在太危险了。

所有的人都在劝董主任千万不要开车，董主任说："怎么？你们不相信我的开车技术？觉得我不行？！"下属无论怎么劝阻，董主任都非要自己开车。

董建的妻子也很反感老公总是那么固执，酒后驾车这样的事也做得出来，妻子告诉董建："再这样下去，你迟早会没命的。"

董建因为固执频繁地惹怒身边的人，但他的固执依然很难改变。董建的母亲都和董建的妻子商量着带他去瞧瞧心理医生呢。

固执是指人们在认知过程中无法将客观与主观、现实与假设很好地区分开来，总是将自己的经验凌驾于现实之上的一种心理状态，如果再过分固化其经验的话，就容易产生执迷不悟的情况。一位心理咨询师表示，我们对事物的认知，是根据我们对事物的评价和判断得来的，在很大程度上，我们的评价依赖于我们自身的经验。

我们可以看到：故事中的董建只相信自己的判断，只愿意接受自己的选择。他无法将他喝醉后难以安全驾驶的现实与他心中假设的"自己能把车开得很好"这样一种幻想的状态区分开来。

固执心理在偏执型人格障碍患者身上有集中的表现。这类人的特点是敏感多疑、好嫉妒、自我评价过高、不接受批评、易冲动和诡辩、缺乏幽默感等。这些心理现象结合在一起，成为一种习惯之后，一旦别人打破这种习惯，就会使固执的人产生不愉快、不舒服、苦恼等不良情绪，严重的还会引发攻击行为。固执还可以分为几种类型：感觉性固执，记忆表象固执，情绪固执。因为大家劝董建不要酒驾，就是在破坏董建的情绪固执习惯，董建当然会心里不舒服，与同事发生口角，一意孤行。

造成一个人固执心理的原因，主要有以下几点。

一、认知失调。美国心理学家莱昂·费斯汀格认为，人的固执心理是由认知失调导致的。他的看法是，当我们遇到信念与现实发生冲突的情况时，这种局面会导致自身的认知失衡，这时，我们就会感觉到心理冲突，从而想办法恢复心理平衡。恢复心理平衡有两种方法，一是承认和接受事实，二是找个理由来维持这种平衡。

董建没办法承认自己的工作安排是不合理的，他只好用“同事们的工作能力弱”这样的理由来安慰自己，维持他内在的心理平衡。

二、思维定式。以前认识事物的习惯可能会影响人们后来认识事物的方式。董建认为在外面和朋友聚餐，是一种风气败坏的表现，这可能是因为他对以前和同事朋友们一起去聚餐时的感受并不好，可能觉得聚餐就是喝酒闲聊，甚至会做一些品德败坏的事。

三、自我防御机制。有些固执的人并未认识到事物的客观状态，只是出于一种自我保护，笃定地坚持自己的看法。对很多事情的评判，我们嘴里说着是是非非，可能并不是因为我们看到了真相，只是我们想要证明自己所说的是对的，是为了保护我们自己的自尊而盲目做出的判断。

四、自尊心过强。固执的人大多是自尊心过强的人。他们只要被人指责、批评，就会用执拗、顶撞、攻击、无理取闹等方式来反驳，以此证明自己的“正确”，满足自己的虚荣心，使固执的心理得到进一步的强化和发展。

五、浮夸、傲慢、懒惰、墨守成规。这些也是造成固执心理的重要因素。这些不良的心理会导致我们不愿意关心自己身边的人，不愿意接纳别人，对身边发生的各种事情也漠不关心，这样就很容易和他人发生摩擦。既不愿意认真听，也不愿意好好说，那就只能越来越固执。

六、个人修养、交往对象。固执的人如果常常与那些性格随和、善于应酬、灵活多变，且十分虚心的人交往的话，会改变自己的固执程度；固执的人如果与固执的人交往，可能就会变得更加固执。

一个固执的人和身边的人是很难相处的，很容易出现夫妻不和、子女厌恶、同事关系紧张等问题。那我们该如何克服自己的固执心理呢？

一、克服虚荣心。固执的人很在意面子，不希望别人看到自己的缺点，但“金无足赤，人无完人”，不可能有人是绝对完美的。克服虚荣心的第一步，就是愿意将自己的缺点和错误暴露在别人面前，允许别人提出质疑，提出意见；第二，不要总是吹牛，把自己放在一个很高的位置上，我们把自己的姿态摆得很高，不仅是在为难别人，也是在为难自己，因为事实上，我们根本无法达到那样的高度。正确的做法是，我们要把虚荣心转换成努力做事的进取心。

二、提高个人修养、丰富知识。提高个人修养的第一步是愿意倾听，听别人说的话，听别人的心声，懂得别人是如何看待自己的。只有我们愿意聆听别人的心声，我们才会明白，很多事情不是我们想得那么狭隘，而是有很多种可能性。也只有这样，我们才能从原来为自己设定的思维框架里面跳出来，看看外面的世界，学会尊重和信任他人，学会宽容待人，接受新鲜事物，不再斤斤计较。

三、控制情绪。当我们因为自己固执的心理感到愤怒、气急败坏的时候，要想办法控制自己的情绪。我们可以为自己准备一个小沙包，每当自己生气的时候，就在没有旁人在场的独立空间里，使劲地打它或踩它。当我们的情绪发泄得差不多了，再回到有人的环境里。这时候我们可以坐在椅子上，闭上眼睛，回想自己刚才扔沙包时的场景。回想之后，我们再写下自己扔沙包时的感受和回想时的感受。这样我们就可以清楚地看到，自己是否真的喜欢固执了。明白固执的心理和行为给自己带来了多大的伤害和痛苦后，才会使情绪得到更有效的控制。

四、阅读人物传记。法国数学家、哲学家笛卡尔说过：“读一些好书，就是和许多高尚的人谈话。”实验也证明，经常阅读伟大人物的传记，能使那些个性固执的人得到心灵上的慰藉。在读书的过程中，我们会发现，再伟大的人，他的生活中也存在着困难，面临着麻烦，也有他无法左右的事情，他们会坚持做一件事，但不会固执、拘泥于一件事。通过阅读我们体验到这样的心态，也会慢慢改变我们的思维方式，从而改变我们自身的固执心理。

五、勤于思考。固执的人无法将假设与现实区分开来，无法将主观与客观区分开来，这是因为，固执的人不爱思考。有些人得了病，死活都不肯去医院医治，非得在家里拜佛，以诚意感动上天，让上天保佑自己，以为这样病就会好了。这些人如果理性思考一下，就会明白，自己这样做是不可能让病好起来的。如果这样能治好病，为什么我们还需要医生呢？再进一步思考下去，为什么拜了佛，病情却没有好转呢？这样一步步思考下去，他们就会意识到自己的错误，而如果他们长期不思考，因循守旧，就会失去思考能力，当遇到让自己不顺心的事情时，就容易陷入固执的情绪当中。

俗话说，一个人如果倔起来，那是十头牛都拉不回来的。如果倔的结果是好的，那真是庆幸没拉回来。但如果倔的结果是头破血流呢？因为固执而丧命的人，历史上和现实中并不少见。所以，别为了固执一时爽，让自己一世惨啊！

19

浮躁

心浮则气躁

浮躁之人就像是在百花丛中东奔西跑追逐蝴蝶的人一样，看似忙忙碌碌，但实际上很难真正静下心来，站在那里赏美景、闻花香或等待蝴蝶落下来。

刘云和武平是在同一批招聘考试中进入这家公司的。最开始培训期间，两个人的表现看起来并无任何明显差别，不管是领导临时分配的紧急任务，还是同事们拜托帮忙的琐碎性工作，他们都是乐呵呵地接受，并且完成得非常迅速和完美。

但慢慢地时间长了以后，同事们发现：面对一些诸如扫地、端茶倒水、复印文件等琐事时，武平仍然和最初一样随叫随到，在工作中偶尔还会提出一些富有建设性的建议；但刘云则开始不断找借口，推诿拖延，还总在私下里抱怨做这些工作对他来讲实在是大材小用。

不知不觉半年时间过去了，踏实勤奋、任劳任怨的武平在部长的带领下准确掌握了部门工作所需的核心技能，逐渐开始接手其他同事手上的重要工作，也越来越少有人让他去做端茶倒水的琐事。反观刘云，他难以放下自己研究生的身份和架子，一边嫌弃端茶倒水是没有任何技术含量的工作，另一边也不愿意像武平一样跟着比自己年纪小，但入职早、有经验的同事学习。刘云这种浮躁的心态同武平的踏实勤奋形成了鲜明的对比，最后他被领导“打入冷宫”，尴尬辞职也就毫不奇怪了。

所谓浮躁，通常是指急躁，不沉稳。如果将浮躁二字拆分开单独来看，“浮”代表轻浮，是一种很不安稳的、没有定性的状态；“躁”代表躁动，是内心不安宁的意思。因此，这就是说，浮躁之人大多乱始于心，心先乱，而后则气躁，最终给人以轻浮、三心二意之感。

纵观我们的生活和工作中，浮躁之人通常表现为：做事情没有恒心，很难静下心来踏踏实实地完成一件事；眼高手低，总想投机取巧，用最快的速度获得最大的成果；既没有能力承担重任，又不愿意一点一滴从小事做起，每天都在不被理解的委屈、不安、焦虑和冲动中度过。

浮躁之人就像是在百花丛中东奔西跑追逐蝴蝶的人一样，看似忙忙碌碌，但实际上很难真正静下心来，站在那里赏美景、闻花香或等待蝴蝶落下来。他们心中往往有宏大的理想和目标，渴望更快地到达成功的彼岸，却忘记了如果无法求得心的安宁、踏实做事，成功就会像蝴蝶一样飞来飞去，永远难以被真正触摸到。

关于浮躁心理的产生原因，心理学家分析认为，这主要同现代社会高度发展的科学技术、即时共享的网络工具以及个体自身精力、调适心态的能力等方面存在密切的联系。比如，娱乐宣传报道中穿着光鲜亮丽的明星们，进进出出享受着女王或者王子般的待遇，还有粉丝们热情的拥护和支持，时常给人一种仿佛他们只需要站在镜头前挥手微笑，就会有数不清的钱进入他们的口袋的错觉。

这种错觉会使得一部分少男少女们无心学习，不顾自身实力追逐明星梦，认为只要有颜值有身材，就能成为明星赚大钱，受万人瞩目，却忽略了颜值和身材只能帮助他们暂时获得人们的喜爱和追捧，而拥有一项出色的个人技能（比如好演技、高情商、好人缘等）才是明星们长久维持人气的秘诀所在。

因此，对于浮躁之人而言，要想更快地获得成功，就需要从调整自我心态做起。具体做法如下：

一、准确评估自我能力、所处环境与梦想目标之间的差距。在确立目标之前，要先掂量一下自己究竟有几斤几两。值得注意的是，这种掂量不是说仅凭个体自己做出的判断，最好是能够将同行业的前辈们、家中的长辈、身边的朋友等较为了解自己的人提出的意见和建议都客观全面地综合在一起，才能更加明白自己的真正实力以及与现实之间的差距。

二、准确定位。经过前面对自我能力的评估后，可能有的人会看清现实，放下浮躁之心，踏实做事；而有的人一时之间仍然心绪烦乱，难以平静。因此，这部分人需要在自我评估的基础上，对所处的环境和自身在其中扮演的角色进行精准定位，以帮助自己更好地看清现实，避免随波逐流和盲目攀比产生的焦虑感。

三、学会沉浸和放下。面对浮躁这个心理弱点，最根本的解决方式是获得内心的安宁。而要想获得内心的安宁，就需要学会放慢自己的脚步和摒弃过多的欲望，尝试沉浸于当下所做之事。

正如《天龙八部》中看似毫不起眼的扫地僧一样，他拥有绝世武功却依然将扫地看作是最重要的工作，日复一日地默默将地打扫干净，获得心灵的安宁。而如果换作是浮躁的人，他们只会关注表面肤浅的东西，从而潦草着应付完成每天的扫地工作，同时抱怨这种没有技术含量的工作为什么要让能力出众的自己来做，难以看到扫地背后对于自身心性的磨炼。

四、做事要有恒心，不能盲目攀比和见异思迁。一些急躁的人，看到别人成功了，内心就十分焦虑不安，也急切地寻求成功之道，尤其是当他们认为，对方和自己的能力相差不大，甚至对方的能力低于自己时，这更会加重他们的焦躁之心，进而使他们放任情绪，淹没理智，导致自己距离成功却越来越远。

此外，当我们感到内心浮躁时，也可以借助于阅读、运动、倾诉等方式，释放内心的压力，获得心灵上的宁静。

总而言之，浮躁是因为心先乱了。只有运用上述方法，首先将自己的心神稳住，求得内心的安宁，我们才有可能打败浮躁这个阻碍我们成功、幸福和快乐的最大敌人，让我们变得更加从容和自信，脚踏实地，认真地工作和生活。

20

极端

不是黑就是白

心理学家认为，极端心理是指一个人的心理失去了常态，具体表现为：自己要完成某件事情，要么做到最好，要么自暴自弃；对他人做出的评价，要么很好，要么就是很坏；面对别人提出的意见建议，要么认真听取，要么置若罔闻；等等。

在豆瓣组织的一次同城聚会中，刘洋对活泼可爱、古灵精怪的秦莉一见钟情，但直到聚会快要结束时，个性内向的刘洋才终于鼓起勇气走到秦莉身边向她打招呼，并成功要到了秦莉的联系方式。

此后，刘洋开始对秦莉展开了浪漫的爱情攻势。秦莉也慢慢被刘洋的浪漫、温柔和内敛所吸引，最终答应了刘洋先试着相处看看。但好景不长，失去了最初的新鲜感后，秦莉还是以不合适为理由，向刘洋提出了分手，不管刘洋如何挽回，她的态度都十分坚决。

这天下午，秦莉收到刘洋的短信，上面写道："你真的已经考虑清楚，不再给我们彼此一个机会了吗？"秦莉回复道："不合适就是不合适，没有必要勉强彼此。"刘洋："那你能最后见我一次吗？我们再好好谈谈。"秦莉："我们之间已经没什么好谈的了，既然已经决定分手，也就没有再见面的必要了。"刘洋："你是不是从来都没爱过我？所以现在可以这么绝情。"秦莉："事到如今，说这些还有什么意义。我祝你幸福，也希望你以后不要再来纠缠我。"

在他们发生这段对话后的第二天早上，正在熟睡中的秦莉突然被一阵尖锐而急促的门铃声吵醒。开门后，一位满头白发的老妇人闯进来，拽着她就是一顿猛打，边打还边哭着说："都怪你这个小妖精。我儿子只是想在分手前再见你一面，你却那么残忍绝情。现在你可以放心了，我儿子再也不会来纠缠你了。"直到此时，秦莉才得知刘洋因挽留自己不成而在半夜自杀身亡的消息。

像刘洋这样为情自杀的人，对于时常关注社会新闻的人来讲，并不陌生。心理学上将这种人的行为统称为极端行为，而促使他们产生极端行为的原因，则要从极端心理说起。

在汉语释义中，极端通常被看作是“事物发展的端点状态，两个最高峰，两个互为对立的方面”。而心理学家认为，极端心理是指一个人的心理失去了常态，具体表现为：自己要完成某件事情，要么做到最好，要么自暴自弃；对他人做出的评价，要么很好，要么就是很坏；面对别人提出的意见建议，要么认真听取，要么置若罔闻；等等。

关于极端心理的形成原因，迄今为止心理学界并没有得出统一的定论，但可以确定的是，它的产生和发展不仅有个体自身思想认识和情绪调节方面的原因，同时也与其幼年时期的生长环境、成长经历以及当今社会存在的多元化价值观带来的冲击等都存在着紧密的联系。

如果想要在人际交往中迅速辨别出某人是否存在极端心理或极端性格，可以尝试将以下两个方面作为重要的判断依据：第一，是否经常以自我为中心。极端的人说话做事往往很难接受别人的意见，主观臆断和控制他人的倾向较为严重。比如，甲递给乙一个苹果，乙表示自己肚子很撑，不想再吃，甲当即将苹果扔在了地上。

第二，情绪是否经常起伏不定。极端的人处理事情时，想法和手段通常较为偏激，不计后果。尤其是在双方关系较为稳定时观察，更容易看到他们卸下伪装、“尽情”爆发的那一面。比如，经典电视剧《不要和陌生人说话》中，男主角安嘉和在外人看来是一个风度翩翩、文质彬彬的医生，对妻子非常宠爱、尊重。但实际上，他却是个残暴成性的家暴狂。

而对于那些正在饱受极端心理困扰以及身边有极端性格者的人来说，可以借助如下几种方法帮助自己和他人，了解极端心理的危害，并努力克服极端这个心理弱点：

一、明确极端性格对自身发展的负面影响。不可否认，拥有极端心理和性格的人，可能在生活中由于较好的伪装和坦率的“非黑即白”的个性，拥有较强的个人魅力，容易吸引他人的注意和好感。但我们要知道，这些所谓的好感和注意都是非常短暂的。伴随着双方接触的增多，彼此之间的了解自然越来越深，矛盾和冲突也会越来越频繁，个体极端行为出现的概率自然也会成倍地增长。轻则双方撕破脸皮，重则可能毁人害己，酿成惨剧。

二、重塑自我认知，建立科学的认知模式。一个具有极端心理和行为的人，对于他们而言，世间的人和事都是固定不变的、绝对化的，非此即彼，非黑即白。但实际上，每个人、每件事不仅具有两面性，而且无时无刻不在发生着变化。这个世界上并没有绝对的黑或者白，更多的是介于二者之间的灰色。因此，这就需要他们能够重塑认知，适应生活的多变，尝试看到生活的多样化。

三、学会适度减压，同时建立更为温和的情绪反应模式。具有极端心理和行为的人，哪怕外表看起来多么积极热情，乐观开朗，在他们内心深处始终都有一个消极、偏激的“小孩”。一旦个体自身压力太大，且没有找到合适的途径进行宣泄，就很容易触发那个内心极端的“小孩”产生极端心理行为。此外，利用深呼吸、转移注意力、自我想象等方法帮助自己建立更为温和的情绪反应模式，对于控制极端心理和行为也非常有效。

最后，正如鲁迅先生所说：“真正的勇士，敢于直面惨淡的人生，敢于正视淋漓的鲜血。”而真正想要寻求改变的人，也需要让自己化作一名勇士，直面极端这个心理弱点，并寻求可行的自我改变之路，在不断的尝试中，拥有更加立体、多样、可控的人生。

21

多变
只有三分钟热度

具体而言，多变通常被用来形容某人对待某事无法维持长久的热情和兴趣。多变的人往往拥有较强的好奇心，什么都渴望体验和感受一下，但又总是半途而废，缺乏恒心和毅力，热情来得快，去得更快。

大三那年，程潇突然喜欢上了十字绣，并且信心满满地表示，要将绣好的第一个成品作为生日礼物送给姐姐。最开始，她每天下课回到宿舍后，都会安静地坐在床上听着音乐广播绣上一会儿。但一周之后，她开始向室友抱怨道："十字绣真是太无聊、太枯燥了，再这样绣下去，我眼睛都要瞎了。我想直接买个钱包送给姐姐。"室友劝说道："既然答应姐姐要绣一个钱包当作礼物，你可一定要信守诺言啊。"

程潇想想确实是这个道理。于是，她又断断续续地坚持着绣了一段时间。但毕竟最初的那股对十字绣的热情早已经在烦琐细碎的具体操作中彻底消失了，所以直到现在，几年时间过去了，姐姐仍旧没能收到她当初承诺的十字绣钱包。而那幅未完成的十字绣，也早已经不知道被程潇扔在了哪里。

其实不只是绣十字绣，仔细回顾后我们就会发现，程潇的性格和想法一贯如此多变。比如，她曾经有一次突发奇想，想学习油画，于是迅速网购了一大堆画笔、颜料、画板等专业绘画工具，并报了一个价格不菲的油画入门班。但上了两三次课，她发现画画没有自己想得那么简单时，就一边说着"画画太难""老师讽刺我没天赋"，一边将那些画笔和画具束之高阁，彻底放弃了画画。

还有一段时间，受到来自微博上各大美食博主拍摄的"小清新"美食制作的视频的影响，程潇又喜欢上了做饭。只见她兴致勃勃地给家里添置了烤箱、破壁机、面包机等厨房电器，以及电子秤、大大小小的蛋糕模具等厨房用具，但仅仅实验了几次烤比萨、打豆浆等菜谱后，她又因为嫌弃做饭太麻烦而选择了放弃，最终只好忍痛将这些昂贵的厨房电器一一送人。

生活中，诸如程潇一样多变的人并不在少数。那么，多变的心理弱点究竟有怎样的具体表现形式？人又为什么会出现多变心理，凡事只有三分钟热度？我们又应该怎样改变现状，克服多变这个心理弱点呢？

具体而言，多变通常被用来形容某人对待某事无法维持长久的热情和兴趣。多变的人往往拥有较强的好奇心，什么都渴望体验和感受一下，但又总是半途而废，缺乏恒心和毅力，热情来得快，去得更快。

相关心理学研究认为，导致人们想法多变的原因是极其复杂的，大致可以分为以下几个方面：

第一，处于青春期、更年期、孕期等状态的人，由于体内激素、黄体酮水平等方面的变化，对人、事以及食物的味道等都较为敏感，身体和情绪状态自然也跟着反复多变。

比如，孕妇杨敏在半夜十二点突然想吃橙子，不管丈夫怎么劝说，她都表示必须要立刻吃到橙子，不然就没办法安心入睡。但在丈夫跑遍大街小巷，终于在一家 24 小时营业的水果店里买回来橙子递给她时，她却厌烦地挥手叫嚷道：“快把橙子拿开，我闻到它的味道就想吐。”

对于孕妇杨敏来说，她最开始是真的特别想吃橙子，但当丈夫真的把橙子送到她面前时，她又吃不下了。她不是故意折腾丈夫，也不是个性多变，而是真的在闻到橙子味时感到难受恶心，这同孕妇本就特殊的身体状态是分不开的。

第二，不了解自己，不清楚自己究竟喜欢什么、想要什么的人，很容易人云亦云，盲目地跟随别人的脚步，然后又因为各种各样的原因迅速放弃。比如，本文开头案例中的程潇，就是这个类型的典型代表。

第三，做事时渴望快速得到正向反馈和看到最终结果的人，在短时成效达不到自己要求或者整个过程所需时间较长时，会更快选择放弃，转而投向其他新的目标。比如，菲菲上周刚报名参加摄影的学习课程，这周就表示要退出这个课程，转而报名轮滑，只是因为上节课堂上她很难看懂相机复杂的参数，也看不到自己成为摄影师的潜质和能力，索性就早日放弃。

因此，多变的心理使得人们总是难以在一件事情上坚持下来，取得成功，而要想尽早克服多变这个心理弱点，人们可以从以下几个方面做起：

一、清楚了解自己当前阶段的身心状态。这是因为人们只有首先搞清楚引起自己想法多变的原因，才好对症下药。如果是身体因素导致的，那就需要以调理身体为主，情绪疏导为辅；如果是思想状态、意识观念方面的因素引起的，那请参照下述方法进行克服和改变。

二、明白自己真正想要什么。找到自己真正感兴趣的事情，再付诸行动，或者在想要放弃时，给自己一个时间限制，告诉自己再多坚持一下，然后再做决定。毕竟很多时候，效果就是在坚持的过程中慢慢体现出来的。

三、开始做某件事情前不要给自己太大的心理压力，要学会自我激励。正如本文开头故事中的程潇一样，她第一次绣十字绣就选择了难度较高的钱包，还准备用此作为送给姐姐的生日礼物。这就像是给自己布置了一个艰难的任务，从而失去了最初作为兴趣培养的美好感受；再加上初学者在最开始尝试一件事情时，本就倍感艰难，在压力之下自然很容易产生懈怠和放弃心理。因此，这就需要人们保持良好的心态，在面对目标时，不过度施压，也不过度松懈；在改变想法和想要放弃时，还可以适当采用美食、购物等手段激励自己更持久地坚持下去。

总而言之，尽管多变的人做事大多只有三分钟热度，但只要他们能够借助适当的方法，让自己的热情更长久一点，坚持的时间再多一点，他们必然也能够让人们刮目相看，收获更大的成功。

22

逆反

你让往东，我偏向西

心理学中，逆反心理是指个体受到某种原因的影响，对某些人或事产生对立、抵触、反对等情绪的一种反向心理状态。较之其他心理弱点，它具有明确的针对性与否定性，带有强烈的主观判断和浓厚的个人感情色彩。

正值高三考取大学的关键时期，唐红却被父母发现早恋，但不管母亲怎么软硬兼施，唐红都坚决表示自己不会和男朋友分开，甚至还以离家出走的形式向母亲示威。直到有一天，她听到母亲给小姨打电话痛哭道："我也不想这样逼她，但我实在不想看到她小小年纪，就被这所谓的爱情冲昏了头脑，耽误了这大好青春，影响一辈子的前途。"

正是这一番话，让唐红明白了母亲并非是有意要拆散他们，只是害怕她沉迷爱情，荒废学业，担心她将来因高考失败而后悔。于是，想通了这一点之后，她主动找到母亲表态道："我们会先分手，专心学业，等高考结束以后，如果我们还像现在一样喜欢对方，到那时再重新在一起。"

心理学中，逆反心理是指个体受到某种原因的影响，对某些人或事产生对立、抵触、反对等情绪的一种反向心理状态。较之其他心理弱点，它具有明确的针对性与否定性，带有强烈的主观判断和浓厚的个人感情色彩。

更进一步来讲，拥有逆反心理的人在日常生活中通常表现为：与人沟通时，情绪想法较为偏激，喜欢通过言语故意顶撞对方；面对他人的要求和好意劝告时，要么十分烦躁，无法耐心聆听，要么消极冷漠，置若罔闻。比如，你让他往东，他偏要向西；你对他说甲好，他非要说乙才是最好的；等等。

关于导致个体产生逆反心理，对他人的要求采取相反的态度和言行的原因，心理学家一般认为与以下四个方面存在密切的联系：

第一，为了维护个体的自尊心。在一项关于逆反心理的心理学实验中，实验人员将三个水杯倒扣在桌子上，并且在其中一个水杯下面放置了一枚硬币，然后邀请第一组的孩子进入这个房间玩耍。一段时间过去后，三个杯子似乎并未引起孩子们的注意，全都安然无恙。

当第二组孩子入场后，实验人员故意大声强调不可以乱动桌子上倒扣的水杯，尤其是放置有硬币的水杯，否则将会接受严厉的惩罚。但尽管如此，倒扣的水杯，尤其是中间那个放置有硬币的水杯，在这次的整个实验过程中，曾不止一次地被孩子们拿起和挪动。

之所以会出现这种现象是因为，在第二组孩子心中，实验人员一开始强调的具有明显惩罚性的威胁伤害了他们的自尊心。他们认为实验人员既不信任他们，又从心理上蔑视了他们，因此基于维护自尊心的需求，他们产生了“凭什么他说不能动，我就不动”“不过是个水杯而已，他有什么资格惩罚我”等逆反心理和行为。

第二，满足好奇心的心理需要。不管是成人，还是儿童，面对世间万物都会抱有强烈的好奇心，尤其是当某种事物被明令禁止但又没有附加任何解释时，人们往往会做出各种尝试去寻求答案，以满足好奇心的心理需要，并且根据好奇对象的吸引程度而出现轻重程度不同的逆反行为。

第三，想要标新立异和证明自我的心理需要。这种情况通常更多地出现在青少年身上。对于正处于性格形成和寻找自我这个时期的青少年而言，他们希望通过打破常规和否定权威等方式，来赢得他人的注意，获得自我肯定的满足感。因此，在与家长、教师乃至社会的对峙中，越是不让他们接触的东西，他们越想接触；越是不想让他们知道的事情，他们越是要千方百计地去了解和尝试。比如，早恋、染发、打游戏等。

第四，由于较为特殊的生活经历，导致个体对他人或某事产生较强的对立情绪，在这种对立情绪的影响下，个体很容易在遇到同样的事情时，习惯性地产生逆反心理，任凭对方如何苦口婆心地劝说，他们都会将对方的言行看作是虚伪的和别有用心的。

比如，某人遭遇恋人出轨后，面对父母给自己介绍对象的行为，会表现出很强的抗拒和对立情绪，轻则与父母发生激烈争吵，表示不愿意再相信爱情，重则采取离家出走、断绝关系等极端手段来表达对父母要求的反抗。

面对逆反心理这种“固执偏激”的思维习惯，人们应当采取何种方法从源头上将其克服呢？具体做法如下：

一、学会保持冷静和换位思考。很多拥有逆反心理的人，在感到被控制、被强迫、被命令以及被规定时，会瞬间产生抗拒、愤怒和烦躁等负面情绪，很难控制自己说话的语气，会说出一些气话，做出一些冲动的事，正如文首案例中的唐红一样。因此，这就需要当事人时刻提醒自己，运用深呼吸、转移注意力等方法帮助自己克制逆反心理，尽量保持冷静的头脑，换位思考，读懂对方看似控制表象下对自己的关心和爱护。

二、学会与人沟通，多表达自己内心的真实想法和需求。对于很多处于逆反心理状态下的人来讲，他们通常认为别人都不懂自己，但在沟通中又难以准确地向别人表达自己的想法，因此，他们很容易在与他人沟通的过程中形成对立状态，这丝毫不利于双方间情感的交流和问题的有效解决。

面对这种情况，这就需要有逆反心理的人在与人沟通时，要敢于表达自我内心的真实想法、感受和需求，而不是固执地对抗和僵持。只有说出来，对方才能明白你到底想要什么，才能找到更合适的解决办法。

三、自我完善，强化心理素质。关于逆反心理，并无绝对的对错之分。如果个体只是想要坚持自己的梦想，追求自己真正想要的东西，同时又没有伤害到他人时，面对他人发出的反对的声音，面对自己虽理性沟通却难见成效的无奈时，我们完全可以告诉自己，世界上没有人能完全了解另一个人，只要自己觉得好就行。也就是说，在这种情况下，我们可以凭借强大的心理素质和自我暗示，来缓解自我遭到压制与反对时产生的逆反心理。

总而言之，逆反心理的出现并非是逆反者一个人的问题。不仅逆反者本人需要不断地调整心理状态，努力克服逆反这个心理弱点，同时，也需要导致逆反心理形成的另一方，比如父母、教师、领导等人，能够和逆反者一起反思，从问题源头上共同努力，避免成为逆反人群的催生者。

23

思维定式

打破思维的墙

思维定式是人们“在反复使用中所形成的比较稳定的、定型化了的思维路线、方式、程序和模式”，因此它很容易阻碍个体思维的开放性和灵活性，催生思维的惰性，造成思维的僵化和呆板，进而影响人们创造性思维的产生和发展。

有这样两个故事：

第一个故事讲的是，一头猪在争夺王位中惨败，并因不堪其辱而自杀身亡。来到阴间等待投胎转世时，它一直坐在角落里，边哭边嘴里碎碎念叨个不停。

阎王看到它后忍不住问道："你伤心我可以理解，但你嘴里在不停地说什么呢？"猪："我在祈祷阎王爷大发慈悲，下辈子让我投胎为人。我再也不想做可怜的猪了。"

阎王颇感兴趣道："假如让你投胎为人，你长大后准备做什么？"猪抬起头恨恨道："如果让我当人，我就拿一支枪，将那些当初争夺王位时暗算我、欺骗我、欺压我的猪，通通打死。我要重新夺回原本属于我的王位。"

第二个故事是说，在一场讲座活动中，演讲者向听众们提问道："一位老人和公安局局长站在马路边聊天，突然跑过来一个小孩拉着公安局局长说'你爸爸和我爸爸吵起来了'。现在已知这个小孩是公安局局长的儿子，请问小孩口中吵架的这两个人和小孩自己分别是什么关系？"

此问题一经提出，台下立刻发出此起彼伏的回答声。有说是这个孩子的爷爷和干爹，有说是孩子的爷爷和继父。总之答案千奇百怪，但没有一个人回答正确。直到演讲者准备公布正确答案时，有一个小孩站起来大声说道："那两个人是孩子的爸爸和局长的爸爸。"

演讲者立刻鼓掌对其表示肯定和鼓励。但仍然有听众不解道："故事里的小孩明明对局长说的是'你爸爸和我爸爸吵起来了'，刚才的答案听起来怎么像是重复题干的废话呢？"演讲者微笑反问道："如果局长是名女性呢。"

仔细分析这两个故事我们就可以看到，不管是投胎报仇的猪，还是回答问题的听众们，他们共同的特点在于：想问题、看事情时，总是惯于按照既往经验来思考和回答，钻进了思维定式的迷宫。

对于那头猪而言，它投胎成人之后，明明有那么多美好的事情可以去体验，但它却没有摆脱当猪时的思维模式，只想着如何拿枪回到猪王国去报仇，夺回那个猪皇位。

而关于演讲中的互动问答，演讲者仅仅提出了一个很简单的问题，但最后的结果却是一群大人的智慧还不如一个小孩子。这是因为在大多数成年人的既往经验和思维定式里，普遍认为公安局局长应该是男性，因此，在回答演讲者提出的问题时，他们也习惯性地站在了“局长是男性”这个角度去推理答案，自然也就越想越迷惑，难以找到正确答案；反之，小孩子较之大人没有太多的社会经验，很少受到思维定式的限制，回答正确也就顺理成章了。

那么，究竟什么是思维定式？它有哪几种表现形式？又该如何打破思维定式，不被原有思维框架束缚，培养创造性思维能力呢？

所谓思维定式，在心理学中又被称为“习惯性思维”。它是指人们在遇到问题时，会下意识地按照既往经验，遵循比较固定的思路去思考、分析和解决。在较为固定、单一的情境下，借助思维定式能够帮助人们快速分析问题，缩短思考时间，提高解决问题的效率。但值得一提的是，一旦人们习惯的情境发生变化，他们就会像本文开头故事中的听众一样，徘徊在思维定式的迷宫中，难以找到新的出口。

此外，由于思维定式是人们“在反复使用中所形成的比较稳定的、定型化了的思维路线、方式、程序和模式”，因此它很容易阻碍个体思维的开放性和灵活性，催生思维的惰性，造成思维的僵化和呆板，进而影响人们创造性思维的产生和发展。

正是因为思维定式具有强大的惯性和顽固性等特点，人们才更加需要借助科学的方法来打破思维的墙，改变自己的思维定式，逐步培养开放的、富有创造性的思维方式。具体方法如下：

一、随时保持警觉，学会逆向思维。作为一种相对格式化的思维模式，思维定式还具有一定的隐蔽性、持续性和顽固性。它可以经由道听途说、耳濡目染、自我感悟等途径形成，而且一旦形成，往往会如同到点吃饭、睡觉等生活习惯一样非常自然地存在于人们的头脑中，让人没有防备。因此，这就需要人们在改变过程中，要随时保持足够的警觉。

比如，清朝时期，乐进士和同村的首富谭家定了娃娃亲。但当谭家长辈逐一去世，谭家家道中落后，乐进士想要赖婚。这天，趁着谭家长子，也就是乐进士的女婿谭振钊前往家中拜访之际，乐进士当场写了两张字条，团起来放在手心里，对谭振钊说道："这两张纸条，分别写着'婚'和'罢'。你抽到哪个，咱们就按照哪个来。"

谭振钊顿时心头一凉，他知道不管自己抽到哪张纸条，上面都一定写着"罢"，这是乐进士明着告诉自己不要再妄想成为他的女婿。他垂头低眉，想要径直放弃以保留最后的尊严。正当他准备转身离开时，他忽然意识到，就算乐进士两张纸条都写着"罢"字，难道自己就没有一点办法了吗？不能轻易地陷入这种固化的思维误区啊。

于是，他振奋精神，立刻拿起其中一个纸团吞进口中，然后指着剩下的纸条对乐进士说："你打开这张纸条，如果写着'婚'，我二话不说转身就走；如果写着'罢'，你也要遵守诺言，将女儿嫁于我。"乐进士气得吹胡子瞪眼，但因为是自己一手制造的这个赌局，只好愿赌服输。

如果谭振钊没有及时警觉，任由自己陷进"乐进士想悔婚，自然两张纸条都写着'罢'，不管我抽到哪一张婚约都必定作废"的思维定式，也就不可能出现"机智吞纸条，反败为胜"的局面，更无法成功守住这门婚事。

二、时常更新观念，多听、多看、多了解。面对两张疑似通缉犯的照片：一个人长相英俊，面容可亲；一个人外貌丑陋，衣服破烂不堪。人们更容易将外貌丑陋的人看作是罪犯，而认为长相英俊的人看起来就很有道德修养，不会做出违法犯罪的事情。

这种想法同当今社会盛行的“X 省份的人都是小偷”“专家说的话一定对”“谁有经验听谁的”等观念一样，充满了思维定式的色彩。但实际上，长相英俊的人也可能是凶残的杀人犯，专家说的话也不一定对，凡事还要多听、多看、多了解，不断地更新既有观念，警惕思维定式，不做井底之蛙。

三、独立思考，勤于思考。对于容易受到思维定式这个心理弱点操控的人而言，他们大多在生活中懒于思考，喜欢从众，并且盲目相信自身既有的经验以及权威人士提出的观点。要想成功摆脱思维定式的控制，就必须从勤于思考、善于思考和独立思考这三个方面做起，进而培养开放性、多元化的思维方式。

四、有意识地培养发散性思维，借助丰富多彩的社会活动等新事物刺激自己，拓展思路。有句话说：“死守经验，经验就成了偏见。”尤其对于一些自认为有经验、有话语权的人而言，他们更需要多接触新鲜的事物，多体验不同的经历，在新的经验中获得新的启发。

总而言之，人的思维空间是无限的，能够把思维困在原地的，也只有人类自己。唯有鼓起勇气，打破思维里的墙，跳出思维困境，人类才能摆脱思维定式的影响，培养多元化、开放性思考的能力。

24

悲观

一切都是最坏的安排

悲观的人的解释风格大都是永久、普遍、人格化的。比如，一个人成绩考差了，认为是自己笨，那这个问题就是永久的、普遍的。智商怎么去改变呢？但他如果将这次考试失利解释为是这段时间自己不够努力，那成绩下滑的问题就是可以解决的。

陈平的父亲身患肺癌，瘫痪在床已经有十多年了。

有一天早晨，陈平给父亲准备了油炸糍粑作为早点。陈平前一晚上在单位值夜班，早上的时候比较疲惫，就没注意到糍粑是生脆的食物，父亲是难以下咽的。

结果，父亲仍然按部就班地吃着儿子准备的早饭，不出意料，父亲的喉咙被坚硬的糍粑给卡住了。父亲被卡住后，无法拿到水，也无法发声向儿子呼救，过了好一会儿，陈平才看到父亲难受的样子。发现父亲的喉咙被噎住，陈平本可以及时给父亲喂水，但出乎意料的是，他看到父亲因喉咙卡住上身不断抽搐的样子，整个人傻掉了，瘫坐在父亲的床边，边哭边喊："爸，这咋办哦，这回肯定是不行了，这回肯定是没救了……"

父亲最终在儿子的哭声中撒手人寰了。陈平见状哭得更厉害了，彻底陷入悲伤之中。

另一个故事是这样的。有一家人正在上班，突然接到了邻居的电话："你们家失火了。"等这一家人赶回家的时候，大火已被消防队扑灭了，但家里的一切都几乎化为灰烬，不过他们没有怨天怨地，没有互相指责，也没有伤心绝望，而是互相庆幸着、彼此鼓励着。他们甚至还在烧毁的房子里比着剪刀手，微笑着照了一张全家福。

后来有记者采访他们，他们说："房子虽然烧了，但人都是平安的，只要人都在，家就还在。重新装修好又会是另一番景象，现在留张合影，以后对比着看，会很有纪念意义。"

还有一个跟很多人的情感经历都非常贴近的故事。一个来自广州的叫李宇的男生，生得斯文腼腆。有一次他在逛古城四方街的时候，搭讪了一位独自来广州旅游的女生，这个女生健谈风趣，会主动找话题跟他聊天，他对这个女生感觉很好。

在两人漫步于河边，彼此谈天说地之时，女生主动地挽起了他的胳膊，李宇很心动，想要进一步与女生亲近，可女生拒绝了，不允许拥抱，更不允许接吻，也不允许搂腰。但女生愿意继续搂着他的胳膊跟他聊天。

李宇被拒绝后，就开始想，女生是不是并不喜欢他，只是想玩玩，是不是马上就要跟他说“再见”了。他越想越心神不宁，心里很不自信，都不敢开口向女生要联系方式。

走着，走着，两人又走回了四方街。女生指着那棵大树说：“又回到咱们刚才认识的地方了，你知道这是什么意思吗？”

李宇故作坚强地说：“是指从哪个地方开始，就从哪个地方结束？”女生沉默了一会儿，说：“好吧，那我们就在这里说再见吧。”女生转身消失在茫茫人海之中，李宇却待在原地，怅然若失。

没有人不想乐观地面对生活，那是什么让我们走进悲观的死胡同呢？我们先看看第一个故事，陈平的悲观情绪来自他认为父亲一定难逃此劫。首先，陈平可能极少见到他父亲发生这种状况，他受到了惊吓，随之而来的就是判断力失常。他先是极度的恐慌，然后他的意识告诉他，他没办法解决这个问题，在他的哭喊声中，父亲的状态没有得到好转，陈平就更确定父亲没救了。在他的心里，给父亲喂水也是不会起作用的，因为他已认定父亲过不了这个坎儿了。这种悲观情绪里面包含着他对自己的极度不信任，陈平不相信自己能让父亲的状态好转，他觉得自己是无能的。陈平身上还有习得性无助的因素，就是他感觉自己无论做什么都无法改变命运。他持续地哭喊，其实是沉溺于这种无助感中，至少他不去做什么，就不会看到努力过后仍旧失败的结果。

那第二个故事中，是什么让一家人如此乐观、豁达呢？他们很明白房子没有人重要，没有人员伤亡乃是万幸，那还有什么好指责，好抱怨的？在他们看来，没有人受伤就是很大的幸运了。

塞利格曼提出，解释风格决定着人们是悲观还是乐观。陈平认为父亲没有希望了，是对自己的一种否定。他还认为，癌症患者一旦发生点什么事，就一定没办法挽救，这是永久性、普遍性、人格化的解释风格。如果他把父亲的这次意外归结于只是早饭时卡了食物，喝点水，拍拍背，便可缓解，那这种解释就是暂时性的、非普遍和非人格化的解释风格。悲观的人的解释风格大都是永久、普遍、人格化的。比如，一个人成绩考差了，认为是自己笨，那这个问题就是永久的、普遍的。智商怎么去改变呢？但他如果将这次考试失利解释为是这段时间自己不够努力，那成绩下滑的问题就是可以解决的。

在第三个故事中，李宇身上有个非常典型的内向型人格的思维特点，即自我指向性。在李宇想要进一步亲近对方时，被拒绝了，于是他就开始想是不是对方不喜欢自己。李宇是个腼腆的男生，比较内向，他的内心是相对封闭的，封闭的内心容量就会小，所以，一旦被拒绝，这件事在李宇那儿就会被放大，而且李宇会反反复复地想，这样就加重了他的负面情绪。他把注意力都放在被拒绝这件事上，却没有想到，他和女孩只是萍水相逢，女孩能跟他那样亲近，已经是一种接受他的态度表达。如果他看到了这一点，他就会明白自己想要进一步亲近的做法非常冒失，被拒绝也是正常的，他也就不会因为这件事对自己和女孩的关系持悲观的态度了。

极端的悲观者往往更加争强好胜，得失心重。对于他们想要做好的事，很多时候，他们会因为注意力过分集中于一点，产生强烈的紧张情绪而导致失败。他们越想要做好，就越害怕做不好，继而产生悲观的情绪。

有悲观情绪很正常，重要的是，我们该如何应对这种情绪呢？

一、在遇到困难、挫折和犯错之后认真思考，要思考两个方面的问题，既要考虑外界因素（生活环境、工作环境、家庭环境、同事关系……）造成的影响，又要进行自我批判，看到自身的失误和缺陷。这才是全面的、开放性的思考。

二、理性面对悲观情绪发作时突然冒出来的想法。例如，一位有三个孩子的父亲，在孩子上学前总要对他们大声说教一番，等他们走后，他又非常后悔自己的这种行为，觉得很沮丧。这时，父亲冒出的想法是，“我真是个糟糕的爸爸”。在心理治疗中使用认知疗法时，就要求我们认真地去感知这个事后突然出现的想法，知道这是自己对刚才行为的解释，并分析这种解释是否合理。

三、与脑海中冒出来的想法做抗争，举出与之相反的例子。如在上一段的那个示例中，父亲可以认真想一想证明自己是个好爸爸的那些例子，与之前“我真是个糟糕的爸爸”的想法做抗争。

四、重新解释自己的行为。上文示例中，父亲早上会对孩子们那样，但下午和晚上不会，可能父亲不适合早上过多地与人交谈。这样的解释是正面的、有可能的，能够有效地抵制之前那种消极的念头。

五、要学会认识和质疑那些使自己感到悲观的假设。因为早上大声说教的事，这位父亲觉得自己是个糟糕的爸爸，但事实不一定就是这样。或许孩子们很讨厌说教，一个字也不想听；或许孩子们虽然觉得有点烦，却因为父亲的说教提醒他们在这一天的学习生活中要注意哪些方面，从而避免了一些错误的发生，所以他们反而是感谢爸爸的。

悲观的人与乐观的人最大的不同是看问题的角度不同。同样是在沙漠里，同样只有一瓶水，悲观的人说：“哎，这可怎么办，我只有一瓶水，早晚得渴死啊……”乐观的人说：“哇，我真幸运，在干旱的沙漠里，我还能有一瓶水呢！”事情本来就没有绝对的好，绝对的坏，关键就是我们怎么想怎么看。我们想要乐观，悲观是找不上门来的；同理，我们想要悲观，乐观也绝不会打扰我们。悲观？乐观？就看我们的选择了。

25

愤怒

始于疯狂，终于遗憾

美国心理学家戴埃在《你的误区》中称，愤怒是指“当事人事与愿违时做出的一种惰性反应”。猎人唯一的孩子遇害了，他很绝望，他的内心是非常难过的，这时只有将狗打死才能发泄他的愤怒，缓解他的痛苦，而且这比冷静分析事实真相更容易做到，是一种简单、消极的惰性反应。

一位猎人的老婆在生孩子的时候，难产身亡。还好他的家里有一条跟随他多年，对他十分忠诚的狗。这条聪明能干的狗自然而然地承担起了照顾婴儿的重任。

有一天，猎人有事情外出，晚上很晚才回来。狗看见主人回来了，十分兴奋，欢快地出来迎接。可是，猎人看到狗的嘴上全是血，他本能地觉得是发生了什么不祥的事。他心想，莫非是狗一时兽性大发，把孩子给吃了？猎人跑到孩子的床边一瞧，孩子果然不见了，而且床上血迹斑斑。猎人顿时愤怒不已，狂怒之下，他拿起棍子，将狗活活打死了。

就在猎人打完狗，伤心欲绝的时候，却听见从床底传来了哭声，然后就见孩子哭着从床底下爬了出来。猎人这才发现，原来自己错怪了狗。

猎人想搞清楚究竟是怎么回事儿，就在屋里屋外四处查看，接着他居然在屋外不远处发现了一只体形巨大的狼。这只狼看样子是被活活咬死的，猎人终于反应过来，再去看狗的腿部也被严重抓伤了。

猎人家住在山区，这头山上的野狼盯上了他的孩子，偷偷溜进猎人的家里想要吃掉孩子，狗奋不顾身地冲上去与恶狼搏斗，费尽全身力气才保住了孩子的性命。

猎人知道了真相之后，非常懊悔，在家里号啕大哭，可是这一切已经无法挽回了。他被丧失理智的愤怒蒙蔽了双眼，杀死了自己最忠诚的朋友。

从这个故事中我们可以看出，猎人之所以会愤怒，是因为他认定是狗咬死了他的孩子，这使他勃然大怒，难以控制自己的情绪，在冲动之下将狗打死。猎人的情绪失控与心理学上的刻板印象有直接关系。刻板印象讲的是，人们对某一类人、某一事物、某一现象有一种固定的印象，遇到这类人、这类事物时，就以头脑中已有的固定印象作为评判依据。

猎人看到狗嘴上全是血，就认为是狗兽性大发，把孩子给吃了，这是因为在房子里只有狗和孩子，那狗嘴上的血肯定就是因为吃了孩子。猎人带着这种错误的假设去床上找孩子，结果没有找到，因此猎人就判定是狗吃了孩子。在这里，有两个因素导致了狗被打死的结局：

第一个因素，是猎人对狗的刻板印象。如果在家陪伴孩子的是兔子、鸭子，它们嘴上带血，猎人也不会直接想到是它们吃了孩子，但狗不同，狗兽性大发是极有可能咬人的。但这个结论不是绝对的，孩子不在床上，也不一定就是被狗吃了。可是，失去理智的猎人已经无法冷静地分析和判断。

第二个因素，当猎人认定是狗吃掉孩子后，他非常愤怒，被愤怒情绪所控制的人，他的认识范围会受到限制，理性分析能力会削弱，理智对行为的控制能力丧失。美国演讲家英格索尔曾说："发怒常将理智的灯熄灭。"怒火中烧的猎人已经没有思维能力去挖掘事情的真相了。在愤怒情绪的控制下，他就会做出极端的过激行为，以至于杀害了自己最好的朋友。

别看猎人愤怒起来，采用的是一种暴力行为，就认为他的态度是强硬的，其实，他的愤怒是来自他深深的绝望和恐惧。一般来说，我们认为发怒、施暴，对我们的身心都会产生巨大的伤害，但实际上，恐惧和绝望带来的伤害更大。美国心理学家戴埃在《你的误区》中称，愤怒是指"当事人事与愿违时做出的一种惰性反应"。猎人唯一的孩子遇害了，他很绝望，他的内心是非常难过的，这时只有将狗打死才能发泄他的愤怒，缓解他的痛苦，而且这比冷静分析事实真相更容易做到，是一种简单、消极的惰性反应。

客观地说，愤怒并不完全是一种消极的心理品质。有时，愤怒会给人以力量。比如在战场上，战士想要为牺牲的战友报仇，就会有一种愤怒的情绪涌上心头，这种愤怒会使战士更有斗志，更有力量。

还有，愤怒可以帮助我们看出破绽。曾经有一个关于愤怒的实验：心理学研究者邀请了一批大学生志愿者，并要求其中一半的人回想令他们生气的事。为了放大情绪效果，研究者让另一半志愿者说出自己的梦想，然后让一名研究者伪装成志愿者之一，当面批判他们的梦想，激怒他们。在激怒他们之后，研究者给他们看一篇财经方面的论文，然后愤怒的志愿者们被要求评价此论文的逻辑。实验结果证明，陷入愤怒中的人更能看出哪些论点是没有依据的，哪些论点是强有力的。这说明，有时候一定程度的愤怒能让我们进入一种批判性的思考状态。

但更多的时候，愤怒是一种消极的情绪状态。在轻微恼怒和勃然大怒之间的任何一种状态都可以称之为愤怒。愤怒会影响我们的心理和生理状态，当处在愤怒情绪之中时，我们的心率、血压都会升高，肾上腺素、去甲肾上腺素的分泌也会增加。这些生理反应极易使我们患上心脏病、高血压、肝脏疾病、胃溃疡、皮疹等疾病。

很多人都认为发怒生气是不对的，会受到他人的排斥。但如果我们的愤怒实在控制不住，还要一味地将其压制下去，不和他人发生冲突，这就是正确的吗？答案当然是否定的。

一味地压抑愤怒，会使我们的内心更加狂躁，使我们变得更敏感易怒，这种长期压抑的情绪可能会让我们患上抑郁症。而且，情绪压抑得太久，虽然不会引起表面上的冲突，但我们可能会选择在背地里伤害别人。所以，当愤怒来临时，一味地压抑不会使怒火消失，而是会让怒火在内心发酵、膨胀。

那我们该如何更好地疏导自己的愤怒，或者该如何平息我们的愤怒情绪呢？不妨尝试以下方法：

一、从横膈膜（胸腔和腹腔之间的分隔）开始进行深呼吸，想象你的呼吸是从你的内脏开始的。

二、缓慢地重复一个可以让自己冷静下来的词汇，比如“轻轻的”“慢慢的”“放轻松”等。一边深呼吸，一边反复对自己说。

三、回忆自己曾经非常放松的场景，持续地想象那些静谧、安宁的画面。

四、养成练瑜伽，打太极的习惯。这些运动都是修养身心的运动，会使人的内心保持平静。

五、平心静气的三大法则：降低声音，放慢语速，挺直身体。降低声音：愤怒时，生气的人声音会很大，从而刺激人的神经，让人进入一种冲突、争斗的心理状态，若降低声音，就会使人慢慢平静下来；放慢语速：生气时，人说话的语速异常地快，这样会使人内心更急躁，心中的怒火更加难以平息，如果放慢语速，则会让人的心情平缓下来；挺起胸部，身体笔直，会淡化紧张冲突的气氛，因为生气时，我们的身体会前倾，会将脸接近对方，造成紧张的局面，从而引起冲突。

六、闭口倾听。当我们感到愤怒时，尽量不要说话，先试着听听对方是怎么说的。在不说话的时候，自己默数数字，从 10 数到 1，这样可以帮助自己恢复平静。而且在自己沉默的时候，别人说的话会成为我们安静时的主要感受对象，当我们认真聆听对方的话时，也许会发现，对方说的也有道理。

七、转移注意力。当愤怒情绪难以控制时，我们可以试着将注意力转移，这样我们不对别人发火，也能发泄自己的情绪。例如，我们可以去跑步，写信倾诉，大声唱歌，对着远方大喊，通过另一种形式的活动来释放我们的愤怒能量。

八、认知重组。要改变我们对消极现象的看法，突破原有的思维模式。家里的小孩不小心把花瓶打烂了，家长这时要将“孩子太调皮，把花瓶打烂了，我要好好教训他”的想法换成“花瓶怎么就那么容易被孩子碰到了呢？看来下次我要找个孩子不易碰到的地方放花瓶了”的想法。改变了思维模式，就改变了我们对消极事物和现象的看法。这样一来，我们就不会那么容易生气了。

九、想象中看清真相。当我们感到愤怒、急躁时，想象世间所有人都臣服于我们，我们在大街上大摇大摆地走着，我们拥有很多东西，比如房子、店铺……越想下去，你会发现自己想要的越来越多，自己的不合理要求越来越多。慢慢地，我们会发现，自己愤怒的时候对他人提出的批评、指责，都是一种不合理的要求。我们没有理由要求别人按照自己的意愿行动，更不用说因为别人没有满足我们的要求而发怒了。

我们时常觉得对自己发怒的人是恶魔，很恐怖，很可怕。那我们对别人发怒的时候，不也成了魔鬼吗？所以我们要学会理解别人的愤怒，也要学习控制自己的愤怒，这样才不会伤人伤己。

26

孤独

我总是一个人

孤独，是我们主观地认为我们与他人、与社会是一种隔离与疏远的状态，这不是一种客观的状态，而是来自于我们的主观感受。心理学家费洛姆曾说过，我们或许可以承受饥饿和压迫等种种痛苦，却很难忍受所有痛苦中最痛苦的一种，那就是孤独。

晓玲的爸爸经常出差，平时只有妈妈和晓玲在家。因为晓玲家很有钱，所以她的妈妈也不打算出去找工作。但是晓玲不喜欢和妈妈说话，她总是一个人待在房间里玩洋娃娃。

原来，晓玲的妈妈虽然不出门工作，但几乎不跟晓玲交流。她总是邀请很多朋友来家里喝茶、打牌，聊一些晓玲根本听不懂的话，甚至经常到晚上一两点了，晓玲还可以听到妈妈和她的朋友打麻将的声音。

晓玲不敢跟妈妈抱怨，她害怕妈妈打她，她只是个小女孩，是个弱者，她选择默默地承受这一切。

有时，妈妈会把晓玲丢给保姆照顾，出门去跟她的朋友们购物。晓玲和保姆阿姨也是说不上话，她只能每天对着她的洋娃娃自言自语。

晓玲很喜欢上学，因为上学就可以看到很多同龄的孩子，就可以和同学们一起玩了。有一次，晓玲想要和美美她们一起跳绳，但发现自己不知道怎么开口说这件事，想着自己平时没有和美美她们一起玩过，也没有跟她们一起聊过天，就有点不好意思跟美美她们说一起跳绳的事。

就在晓玲想着这些事的时候，美美很热情地跑过来邀请晓玲一起去跳绳。晓玲非常意外，也很感动，她接受了美美的邀请。

她们有五个人一起跳绳，原本只有四个人，两两搭档，但现在晓玲来了，大家就不知道该怎么组合了。美美见晓玲不知道该怎么办的样子，就对大家说："那就这样吧，让晓玲加入我们第一组，我们三个人一组。"大家一听到美美的这个安排，就有点不满意了，但因为她们也想不出更好的分配方法，只能暂时这样分组。

第一组跳绳时，晓玲总是出错，影响整个组的表现，刚开始大家都不在意，想着晓玲第一次玩跳绳，跳不好也很正常。但是，在跳了很多个回合之后，晓玲依然没什么进步，一直在拖第一组的后腿。表面上，大家都说“没事的，没事的，继续加油”，但晓玲看得出大家的不满。两组成员，除了美美，其他女孩跳绳时都表现得很懒散。晓玲看到自己的表现一直没有长进，不想再拖累组员们，于是独自一人走开了，无论美美怎么叫她，她也不搭理。

经过这件事后，晓玲就更不喜欢说话了。她总是一个人去小卖部买东西，就算想把零食分享给别人，也不知道该分享给谁。

慢慢地，晓玲习惯了一个人，以前她还会时常在阳台上看别的小朋友在花园里玩，现在她就只是一个人在房间里逗乌龟。

爸爸最疼爱晓玲，可爸爸工作太忙了，很少有时间来陪伴孤独的女儿。爸爸发现晓玲越来越孤僻了，于是他邀请其他同事的孩子来家里玩，但晓玲不能融入到那些孩子当中，又独自回到自己的房间里去了。

同样是一则关于“孤独”的故事，但故事中主人公的心境却与晓玲大不相同。

王宇上班多年来，都觉得自己是一个很孤独的人。虽然她是一位年轻的白领丽人，但是她一点都不喜欢年轻人的各种活动，比如去KTV里唱歌，去商场里购物，去国外旅游。她喜欢做一些修身养性的事情，比如练毛笔字。她很喜欢书法，几乎一有空就会练练。有时候，她的同事会对她说：“天天练书法你累不累啊，你又不是书法家，没必要那么认真……”但王宇对这些话根本不放在心上，依然每天努力地练习。

王宇常常拒绝同事们的邀请，同事们觉得王宇根本瞧不起她们这种只知道吃喝玩乐的行为，慢慢地，她们就不再邀请王宇出去玩了，而且有时还会对王宇冷嘲热讽，说王宇已经过上了老年人的生活。

就这样，王宇总是一个人做事情，很少有人与她来往，但她并没有因为不受人待见就改变自己的生活习惯和兴趣爱好。虽然她觉得自己挺孤独的，但她也觉得自己的生活很充实。

孤独，是我们主观地认为我们与他人、与社会是一种隔离与疏远的状态，这不是一种客观的状态，而是来自于我们的主观感受。心理学家费洛姆曾说过，我们或许可以承受饥饿和压迫等种种痛苦，却很难忍受所有痛苦中最痛苦的一种，那就是孤独。

表面上的孤独，可能只是看起来形单影只，没有什么朋友。但长此以往这种表面上的孤独会带来心灵上的孤独感。故事中的晓玲，她的爸爸很少在家，妈妈在家又不怎么理她，与她没有交流，她又没有兄弟姐妹，所以在这种情况下，晓玲很容易产生孤独感，觉得全世界只剩下她自己一个人了。

当晓玲想走出这种孤独的状态时，她选择和同学一起玩。但因为她在跳绳的时候屡屡受挫，无法使交往的朋友对她产生好感，所以她感受到的是朋友对她的不满，对她的排挤，让她更加感觉自己是个多余的人。只是晓玲的孤独是晓玲自己的选择，虽然同学们可能并不喜欢和晓玲一起跳绳，但没有谁要赶晓玲走，是晓玲自己选择离开的。

长时间的孤独，让晓玲养成了孤僻的性情，这跟晓玲的家庭环境有很大的关系。晓玲缺乏良好的家庭教育和父母的关怀，导致晓玲想要交朋友，却不知道该怎么交朋友，怎么与他人交流，怎么表达对他人的关心。而这种孤僻的性情，不但会对晓玲的交友造成负面的影响，也会对晓玲造成心灵上的伤害。

第二则故事中的王宇，虽然同样是孤独，但她的情况和晓玲的情况是不一样的，王宇的孤独不会给王宇带来严重的负面影响。王宇之所以孤独，是因为她的生活习惯和兴趣爱好和别人不同，她有自己热爱的书法，别人不喜欢这个，她也不强求别人喜欢，但她坚持自己喜欢的事情，这造成了她的孤独。她的孤独是身心两者都有的。她没有找到志同道合的人，她的精神世界的确是孤独的，但如果她融入同事们的环境，她只会更孤独，因为那里没有她热爱的东西。这样的孤独十分像作家刘同所说的“你的孤独，虽败犹荣”。

而我们之所以会产生孤独感，主要有以下几点原因。

一、情感缺失。很多时候我们都没办法面对失望。自己最要好的朋友突然不和自己联系了，交往多年的男朋友背叛了自己，这些都会让我们感到失望。那我们为什么无法面对呢？是因为这让我们觉得没人喜欢自己。如果我们身处的环境感受不到爱，我们就会处于一种缺乏安全感的状态，长期缺乏安全感，会让我们更加渴望别人能够爱自己。如果别人不爱自己，那我们就会更加失望，当我们无法面对失望，就更不愿意尝试走出自己的圈子，打破孤独的状态了。

二、家庭的过分溺爱。缺乏爱会让人变得孤独，但如果我们的家人对我们过分溺爱，那我们就会对外界有更多的索取，觉得别人对自己好都是理所应当的。而当我们在他人身上无止无休地索求爱的时候，他人就会被这样的态度给吓跑。这样，我们还是感觉没人喜欢我，还是感觉孤独。

三、不自信。总是感觉自己很差劲，这样当我们和朋友在一起时，就会觉得自己比不上别人，进而觉得自己不属于别人的圈子。于是，我们就会产生孤独感。

四、无法与周围人保持合适的距离。总是不知道怎样和身边的人保持一个合适的距离。不喜欢和身边的人太靠近，也不喜欢离得太远，但这样的距离很难把握，所以很多人为了避免人际距离的忽远忽近和由此产生的困扰，索性选择一个人孤独地生活。

但是如果我们无法忍受孤独，因为太孤独，心理上产生了大量的负面情绪，那我们该怎么做呢？

一、庆幸自己有孤独感。当我们一个人静下来，身边空无一人的时候，我们会感到孤独，甚至会流下眼泪。我们或许并不想面对这样的感受，但如果当我们一个人的时候都感受不到孤独了，那我们是否就太麻木了呢？如果我们永远都活在热闹中，我们就无法面对真实的自己，也无法倾听内心的声音。这样想的话，我们就会发现，孤独有它存在的价值，孤独并不一定总是一件不好的事。

二、孤独时，回望自己的生活。现代人的生活节奏很快，我们忙着学习，忙着工作，活得越来越像一台高速运转的机器。如果我们能暂时停下来，能有一段完完全全属于自己的时光，那不是一件很惬意的事吗？在孤独的日子里，我们可以回忆往事，可以想想自己经营的感情，自己奋斗的事业，对自己的人生有一个更准确的定位。

三、我们生而孤独。永远不要渴望着摆脱孤独，因为每个人都是独立的个体。我们每个人的想法都是不一样的，每个人对事物的感受也不尽相同，所以我们终归是孤独的。

因为我们生来就是孤独的，所以我们无法完全体谅别人的感受，别人也无法完全体谅我们。但正是因为这样，我们才会主动去了解别人，懂得别人，走进别人的内心世界；正是因为孤独，我们才有交流的需要。如果没有孤独，我们就不需要关怀，不需要爱，我们就不会去关怀别人，去付出爱。这样看来，孤独也不是一件坏事。

27

偏执

固执的升级版

偏执的人趋向于对自我认识的过度妄想和自负，将别人的沟通看作是一种对自我的否定和攻击，时常对他人抱有怀疑和警惕之心。

刘军是一名初中语文教师，他热爱健身。在长达数十年的时间里，他坚决不吃米饭、面条等高碳水食物，不喝可乐、奶茶等高热量饮品；无论是加班工作还是外出旅游，他总会想方设法每天坚持去健身房进行训练。不管家人和朋友怎么用“过量运动不好”“少吃一点碳水食物也没事”“你又不参加健美比赛，不用这么苛刻自己”等理由，或好言相劝或冷言冷语地来说服他，他依然我行我素，觉得大家都不理解自己，甚至时常反过来充当健康“导师”，教育他们应当像自己一样注重身体健康。

在日常生活中，我们总会遇到像刘军一样，误把偏执当坚持的人。他们的共通点在于：如果自己想要做一件事情，向别人提出反对意见，最多能够容忍自己向对方解释两三次，如果对方继续表示反对，他们就会恼羞成怒，控制不住地大发脾气，还认为别人不理解自己，才会很难对自己做出客观正确的评价。因此，他们在生活和工作中也难以相信他人，总觉得别人想利用或迫害自己，不喜欢别人打乱自己的计划，更不喜欢别人给自己添麻烦。

在汉语释义中，偏执一词的基本含义是“过分地偏重于一边的执着”。不同于固执之人的坚守原则，偏执的人一旦认定某种说法、某件事或者某个人，他们就会拒绝沟通，认为自己做的才是对的，别人都不理解自己，坚持到让人感觉病态的程度，从而给身边的人带来痛苦，使别人对自己失去耐心并选择放弃，而他们自己则越来越烦躁和痛苦，陷入更不容易相信他人的恶性循环。

此外，心理学家还认为：固执的人不一定偏执，但偏执的人一定常常固执己见。这是因为，固执的人主要表现为一意孤行和不懂变通，但大多数情况下还是可以沟通和交流的；而偏执的人则更趋向于对自我认识的过度妄想和自负，将别人的沟通看作是一种对自我的否定和攻击，时常对他人抱有怀疑和警惕之心。

比如，庞艳自幼丧母，待到她二十岁大学毕业那年，父亲突然带着一个女人回家，告诉她说："我准备和你张姨结婚了。"婚后，尽管张姨个性温和，勤劳善良，把庞艳和她的父亲都照顾得十分周到，但每次回家面对张姨的主动示好时，庞艳都表现得特别冷淡，甚至坚持认定张姨做这一切都是为了获得父亲的财产。

这天，庞艳偶感风寒，正躺在床上昏昏沉沉地睡午觉。突然，她听到有人推开房间门，走过来坐在她的床边，想要伸手摸摸她。她慌忙伸出胳膊推开了那只手，待睁眼看到是张姨时，她尖声叫喊道："你干什么？想掐死我啊。"随后，不管张姨如何解释自己是想看看她有没有发烧，方便去医院帮她取药，庞艳都一心认定张姨关心她只是为了讨好父亲，坚决不肯接受她一分一毫的好意。

对于偏执的人而言，他们受到先天遗传因素的影响微乎其微，更多的是与其后天的家庭环境、成长历程有着密不可分的联系。心理学家分析认为，一般在青少年时期遇到父母经常吵架，时常受到父母忽视、冷漠乃至打击，以及与朋友相处过程中遭遇欺骗、利用等情况，都容易使当事人逐渐变成个性孤独、内向，思想和行为偏执的人。

因此，要想改变这种现状，成功克服偏执这个心理弱点，就需要人们从以下几个方面着手：

一、不要急于求成。偏执心理不是一朝一夕形成的，改变的过程自然也非常漫长，甚至常常一不留神，就会重新回到起点。但这些都不重要。最重要的是，只要我们真正明白偏执给自己以及身边的人所带来的苦恼，并下定决心用一段足够长的时间（也许是 3 个月，也许 1 年，也许 10 年）去付诸行动，改变自然就会发生。

二、及时提醒自己。这个提醒可以是自我提醒，也可以是拜托自己较为信任的人进行提醒，如果能两者结合，则是最好不过了。这是因为当事人在改变的过程中，在不知不觉出现偏执观念和行为时，需要及时得到心理上的提醒，以防止前功尽弃；同时，在得到提醒过后，当事人还应当重新分析自己当时的想法，找出当时的非理性观念，然后有针对性地加以改进。

比如，上文案例中的庞艳通过翻阅心理学相关书籍，意识到自己对于张姨的认识较为偏执后，她特意邀请父亲在家中监督和提醒自己。

这天，当父亲对庞艳夸赞张姨勤俭节约时，庞艳几乎是下意识地回嘴道：“她这都是装出来给你看的，还不是以退为进，为了得到你更多的信任、更多的钱。”听完此话，父亲脸色一沉：“如果换作是你，你能装这么久？还伪装得这么滴水不漏吗？”

庞艳顿时发现，自己刚才又下意识地回到了原先那种偏激的思维惯性中，赶紧向父亲道歉。随后她针对自己为什么会一直偏执地认定张姨是贪图自己家的钱这件事，和父亲进行了深入的分析和探讨。

三、多听、多看、多沟通，培养乐观开放的心态。偏执者大多心思细腻，个性敏感，更愿意相信自己的思维和判断，很少相信他人，更是很少同他人进行沟通。但实际上，只有在不断地听、看和沟通的过程中，我们才能更好地理解他人的想法以及让他人更好地理解自己，也才有可能看到，其实这个世界无时无刻不在发生着变化，对于每个人、每件事，因为理解角度的不同，得到的可能就是截然不同的结果。

总而言之，偏执的人需要坚持不懈地进行自我克制和疏导，逢人遇事，不武断，不绝对化，不以偏概全，冷静思考和判断，力求谦虚和客观，在勇敢、真实的表达和交流中，克服表面强硬的偏执，才可能成为一个坚持自我，但不偏执的人。

28

恐惧

危险是想象出来的

恐惧，其实就是害怕，极度担心受到伤害。从心理学角度讲，恐惧是指人们在面对自己害怕的人或事物的时候，在想要摆脱又无能为力的情况下所产生的一种担惊受怕的强烈压抑的情绪体验。

小悠白天的时候和朋友在电影院里看了一场恐怖电影。看的时候，小悠还和朋友有说有笑，一起吐槽这个电影哪些地方拍得很假，不够恐怖。

可是，到了晚上，小悠一个人回到寝室，不自觉地就会想起电影里面的女鬼，心里十分恐惧。无论是在洗澡的时候，还是坐着干些什么的时候，她总觉得那个女鬼就在她身后。她越来越害怕那个女鬼会来伤害她，想着想着就会背部发麻，双手发抖。这时，她放了一些欢快的音乐，来让自己的心情放松，不那么害怕。可是，一旦到了睡觉的时间，她又得一个人静下来了，她又变得非常恐惧，总觉得女鬼在拖她的脚，和她一起睡觉，在她的床下，阴冷地看着她，好长一段时间里，她都因为这些幻想而吓得睡不着，全身的肌肉都紧绷着，额头也不停地出汗，不敢乱动，呼吸变得非常急促。这个时候，就连开灯对她来说也是件很困难的事。之后好多天晚上，她都觉得那个女鬼还在跟着她。就是因为这样，她每晚都得开着灯才能睡着，而且有时即便开着灯，她也要失眠好久，才能真正进入睡眠状态。也就是因为这种恐惧，总是让小悠无法正常地生活。

还有一个故事是这样的。在美国得克萨斯州丹尼森市的一个小乡村里，有一个男孩，他特别怕一种家养的动物。不过，这种动物既不是狗也不是猫，也不是驴马骡子，而是鹅。不知为什么，他一见到鹅就浑身不自觉地发抖，看着它们长长的脖子，他感觉自己要是再离它们近一点，它们就会伸着脖子用嘴来使劲地啄他。

从这两个故事中，我们能看出小悠和小男孩都在害怕想象的危险。小悠身边根本就没有女鬼，但她就是觉得有，而且她的恐惧加剧了她的这种幻想，使她有了很多不良的生理反应，整个人处于紧张状态。小男孩也是，我们也知道鹅如果处在一种正常状况下的话，是不可能咬人的，但小男孩还是一看到鹅就浑身发抖，想象着鹅会用嘴啄他。所以，真正让小悠和小男孩恐惧的东西，并不是女鬼和鹅，而是他们对女鬼和鹅的幻想。他们总觉得自己害怕的东西会伤害到自己，尽管他们没有一次真正被其伤害的经历，但他们还是觉得会出问题，这就是他们强烈的恐惧心理造成的。

恐惧，其实就是害怕，极度担心受到伤害。从心理学角度讲，恐惧是指人们在面对自己害怕的人或事物的时候，在想要摆脱又无能为力的情况下所产生的一种担惊受怕的强烈压抑的情绪体验。

数学家凯利说："恐惧类似威胁，但在程度上较轻。当一个人的建构系统的边缘要素而不是核心要素被证明无效时，恐惧就会产生。"小悠其实也知道不会有鬼的，她每天晚上睡觉的时候，并没有发生过什么灵异事件，但她还是害怕，这是为什么呢？建构系统的边缘要素参与调节本能和情感行为，也就是说，小悠的意识里觉得没有鬼，但在夜晚的环境里，一个人独处的时候，小悠的生理和心理受静谧黑暗环境的影响，认为这个世上没有鬼的想法就会被削弱。但如果小悠坚定地认为这世上没有鬼，除非亲眼见了才肯信，那小悠就不会产生恐惧了。

还有一种恐惧，是与过去的心理感受和体验有关的。比如以前被狗咬过，日后看到狗都会害怕。还有一些人是性格原因，害羞、胆小、不善交际的人也容易产生恐惧心理。

恐惧心理一旦产生，是会严重影响人的身心健康的。恐惧导致心跳加速、心律不齐、呼吸短促、身体不断冒冷汗……这些都会严重影响人的正常生活；恐惧还会让人的内心处于一种紧张状态，总是感觉会发生危险，搞得人心力交瘁；陷入恐惧还会使人丧失基本的判断力，使人的行为失常。

那面对恐惧，我们该怎么办呢？可以这样做：

一、提高对事物的认知能力，扩大自己的视野，找到恐惧源。因为恐惧常常是因为人类自身对未知事物的不了解、不确定造成的。只有提高了认知能力，才能掌握客观世界的规律，了解人自身的需要和客观规律之间的关系。

一个人对一件东西或一个人产生极强的恐惧感，多半是因为他没看明白这种事物真实的样子，而且容易陷入自己对未知事物的恐惧幻想中。如果旁人只是说不要害怕，对恐惧的人来说是没用的，只有将他害怕的那种东西的真面目展现出来，他才会明白自己根本不需要那么害怕。

比如，一个叫小希的小女孩，晚上睡觉的时候看到自己房间的窗帘上有一道像凶猛的大老虎一样的黑影，小希感觉很可怕。小希自己也不完全确定那是老虎，但是她也不敢走近去确认一下。后来她实在太害怕了，就去叫妈妈和她一起睡，小希告诉妈妈，她很害怕那只“老虎”。妈妈笑着走到窗帘那里，小希整张脸都紧绷了起来，表情看起来非常恐惧，还说“妈妈不要去”。妈妈一把拉开窗帘，小希蒙上眼睛尖叫出来，等她睁开眼睛却发现，原来那只“老虎”只是外面的树落在窗帘上的影子，只是正好有点像老虎而已。小希自从知道了那不是真的老虎以后，晚上睡觉就没有那么担惊受怕了。

二、运用系统脱敏疗法克服恐惧心理。第一步，把令自己恐惧的所有画面想一遍，把这些画面用语言表达出来，写在卡片上，一定要写得非常具体。写好后，按照自己恐惧的程度，从低到高排列这些卡片。最不令自己恐惧的放在最前面，最令自己恐惧的放在最后面。

第二步，开始放松训练。找个舒服的位置坐下来，有规律地深呼吸，让全身都放松下来。进入放松状态后，抽出上面排好的卡片当中的第一张，想象卡片上自己写下的场景，要全身心投入到自己想象的那个环境中，感觉像是正在经历自己所描述的那个令人恐惧的场景。

第三步，当我们感到恐惧、不安时，停下来不再想象，再次做深呼吸，让自己放松下来。完全放松后，重新想象刚才的情境，若又开始恐惧、不安，就停下来重新开始放松。就这样反复训练，直到卡片上描述的情境不再让自己害怕为止。

第四步，继续按同样的办法，去想象下一张卡片上的场景。注意，一定要等到上一张卡片上的内容不再让自己感到恐惧之后，才可以继续想象下一张卡片上的场景。否则，不可以进行下一个阶段。

第五步，如果想象最令自己恐惧的场景都不会让我们感到害怕、紧张时，便可以按照由轻到重的顺序重新训练一遍。当我们再出现恐惧情绪时，就让自己做深呼吸来缓解恐惧，直到自己不再恐惧、紧张为止。

总的来说，恐惧也是有利有弊的。如果一个人什么都不怕，任何时候都不恐惧，那真正面临危险的时候，这种人也不会觉得有危险，这样他就无法处于一种高度警醒水平的戒备状态里，就不会做出相应的战斗或逃跑反应以应付可能发生的危险。

恐惧是每个人都会有的正常心理，但对一些人、一些事物的非正常恐惧，会严重影响我们的生活。所以，我们要看清恐惧的本质，把它放在一个合适的位置上，调节自己的身心反应。恐惧，是我们每个人与生俱来的本能反应，接受它，改变它，克服它，才会使生活变得更美好。

29

冷漠
对人没感觉

冷漠的人不会关心人、没有责任感、没有同情心，常常显现出来的态度就是对事物的无动于衷。而且，他们对外界持不信任和不满意的态度，甚至拒绝被感动。

玲玲在一家私企上班，上班之后，工作方面还算顺利，可是人际关系方面很差。玲玲的身边几乎没有一个走得很近的朋友，平时都是一个人吃饭、一个人逛街。

玲玲跟上司关系不好，平时只是按时完成任务，与上司没有其他交流。上司也很不喜欢玲玲，因为玲玲的脸上几乎没有笑容。玲玲除了做好工作之外，几乎不关心任何人，所有的同事都不怎么和玲玲来往，觉得她实在太冷漠了。

玲玲有一个姐姐，是一个热心肠的人，见妹妹家里有什么麻烦，就会马上来帮助她，而且不求任何回报。有一次，姐姐打电话给玲玲，玲玲关机了，姐姐打到单位里去，单位的人说玲玲感冒发烧，现在请假在家里休息。姐姐一听到这个情况，马上赶往妹妹的家里。姐姐还有一个几个月大的孩子，留在家里不放心，于是她背上孩子，立马赶去妹妹家了。谁知外面正在下大雨，姐姐顶着暴雨出门，眼看打不到车，只好骑上自己的自行车，骑行了一个小时，终于艰难地到了妹妹的家里。

玲玲一开门，姐姐发现有个男的在里面。姐姐问玲玲是否生病了，是不是需要看医生，玲玲只回了一句“没有”。姐姐的鞋子和裤腿都淋湿了，还背着一个孩子，她也没叫姐姐进门坐。姐姐见妹妹没事，又不想让她进门的样子，就又冒着大雨赶回去了。

后来，玲玲的母亲去世了，安葬费暂时没有拿到。那时的玲玲已经结婚了，经济条件也不差。姐姐说大家先把钱出了，把丧事办了。姐姐出了大头，而玲玲只是招待亲戚吃了两顿包子，煮了一个汤。安葬费下来以后，她找姐姐报账，说她招待亲戚吃包子花了 400 多元，姐姐不仅二话不说把钱拿给了玲玲，还说她自己的花销不用报账，毕竟是自己的母亲啊，可以把剩余的钱拿给父亲。事实上，两顿包子的钱怎么可能有 400 元呢？

再后来，很不幸的是，玲玲的爸爸得了癌症。玲玲爸爸的手机坏了，姐姐想给爸爸买个手机，玲玲说她来买，结果过了两个星期，玲玲依然没有给爸爸买手机。姐姐因为这件事指责了玲玲，对玲玲说：“玲玲，你不是不知道咱爸是癌症病人，他一旦有什么不舒服，没有手机，他该怎么办？你想过没有。”玲玲却爱搭不理地回道：“知道了，知道了，我明天就去买！”

第二天，玲玲给了爸爸一部手机，姐姐一看，却发现那是她以前送给玲玲的旧手机，根本不是新买的，但姐姐也没有戳穿玲玲。

玲玲从不关心家里人的身体状况，就算发生什么危险的事，她也不会第一时间出来提供帮助，似乎别人都跟她没关系似的。

后来，玲玲的父亲去世了，留下一处房产给她们姐妹俩。玲玲二话不说就搬进去住了，也不问姐姐的意见。

上述故事中的玲玲，就是一个完全不知人情冷暖的人。这种人对别人的态度非常冷漠，冷漠的表现包括：对亲友冷淡，对周围事物失去兴趣，面部表情呆板，内心体验贫乏，或是内心感受很丰富但流露于外部的却非常少。这种人不会关心人、没有责任感、没有同情心，常常显现出来的态度就是对事物的无动于衷。而且，他们对外界持不信任和不满意的态度，甚至拒绝被感动。

我们可能觉得，怎么会有玲玲这样无情无义的人存在呢？难道她天生就是个冷血动物吗？实际上，导致一个人变得冷漠的原因有很多，主要有以下几个方面的原因：

一、早期心理发展的问题。我们刚出生时是无法独立生活的，我们必须依赖父母，需要父母的照顾。在这个过程中，亲子关系占重要地位，儿童就是在与父母的关系中形成自己早期的情绪特征。父母在教育孩子的过程中，不免会有一些批评、指责，但只要孩子能够感受到父母是爱他的，不是厌恶他的，就不会产生心理上的问题。如果父母终日都在批评子女，不给其丝毫的喘息机会，甚至还打骂孩子，孩子就会觉得自己没有任何价值，也得不到任何人的爱。长期如此，孩子认为自己受到了不公正待遇，心理不平衡，无法建立一种正常的是非观念，就会产生心理上的焦虑和敌对情绪。有些孩子因此逃避与父母身体和情感的接触，这样就会出现冷漠状态。

二、外界打击。当一个人事业、家庭、爱情都不太顺心的时候，往往会失去对生活的希望和信心。当我们得不到心爱的东西、诸事不顺时，心灵就会受到创伤，甚至会觉得人生已经毫无意义。现在很多年轻人对生活的要求和希冀都很高，结果希望越大，失望越大。因此，观念的狭隘和过高的成就动机往往是冷漠形成的初因。当我们受到生活的打击时，很容易对别人的意见置之不理，不论表扬还是批评，我们都不想理会，慢慢地，就会变得越来越冷漠。

三、以自我为中心。冷漠心理与自私心理有很大的关系。自私心理严重的人，总是以自我为中心，不在乎他人感受，很难融入社会生活。这样的人只考虑个人利益，目中无人，自然不会有人喜欢与这样的人交往，而当别人因此对他表现出冷漠的时候，他也就选择对别人冷漠。

四、自我保护。为什么在别人需要帮助的时候，有的人却选择坐视不理？其实这也是一种自我保护的心理在起作用。虽说帮助别人能够给自己带来快乐，但如果预计自己的付出将会给自己带来更多的损失或麻烦的时候，我们想要帮助别人的心情就会变得犹豫，甚至变为漠不关心。我们会想，要是我遇到了麻烦，会不会有人帮我？当我们给自己的答案是否定的，我们会一直陷在“冷漠循环”里。大家为了自我保护，抱着“多一事不如少一事”的心态，一直在行善与不行善之间徘徊、挣扎。

五、旁观者效应。当我们看见一个老人瘫倒在地，是否会伸出援手？心理学实验发现，这个问题的答案取决于事件发生时在场的人数。在场的旁观者越多，个体介入紧急情况、采取救援行动的概率就越低；反之，在场的旁观者越少，个体愿意提供帮助的概率就越高。社会心理学家称这种现象为

“旁观者效应”。因为，当我们身边有其他人在场的时候，别人也可以提供帮助，如果我们主动伸出援手的话，可能会引起别人的议论、评价、嘲讽。就是基于这种心理，我们由盲目从众发展成群体性冷漠。

六、“本我”“自我”“超我”的力量对抗。著名心理学家弗洛伊德提出“本我”“自我”“超我”的概念。我们在做一件事的时候，就要处理好这三个“我”之间的关系。当我们看到一个人发生危险时，有些人的“本我”强于“超我”，对他们来说，别人的安危与他根本没有关系，他们自身的安危最重要，所以他们会选择立即离开；而有些人会观察一段时间后再离开，他们在救与不救之间矛盾纠结，“超我”命令他们要救死扶伤，这是基本良心和道德准则，“本我”告诉他们，“多一事不如少一事”，但最终还是他们的“自我”替他们权衡利弊，“自我”会让他们选择那个更利于维护自身利益的方案，这就造成了他的冷漠。

就如同我们看到，玲玲的冷漠会给身边的人带来很多伤害，同时这也是在孤立她自己。心理学实验证明，“冷漠将会是隔断与他人交往的最有力的工具”。但是心理学上还有一种说法：对越在意的人表现得越冷漠，对反感的人却表现得很热情。我们面对自己喜欢的人时，会忍不住想要为其付出，但又害怕自己被拒绝、受伤害，所以我们会压抑自己的好感，表现出厌恶、疏远的姿态；当我们讨厌一个人的时候，会有意无意地流露出来，这时我们的“超我”，也就是道德、良心会谴责我们，所以作为一种心理补偿，我们反而会表现得更加热情。

所以，当我们的冷漠伤害到别人，也伤害到自己的时候，我们该怎么克服这种消极心理呢？

一、尝试去交流。我们对外界冷漠，不愿意与他人过多地交流，甚至平时多一句日常的交流都觉得烦，这是因为我们没有感受到交流的乐趣，如果我们尝试着跟别人交流，在彼此沟通、分享中获得全新的、愉快的体验，我们对人际沟通的感觉就会逐渐开始变化，对身边人的态度也会发生变化。

如果我们不愿意和亲近的人交流，可以尝试着和完全不认识的陌生人说说心里话；如果我们倾向于和亲近的人交流，那就从最亲近的人开始。在交流时间和交流次数上，可以逐渐递增，这样我们就不会感到跟人说话很吃力。

二、多行善举。冷漠的人不一定内心就真的不愿意帮助别人，而是出于自我保护的心理，放弃了帮助别人。由于长时间的心理防御机制在起作用，所以冷漠的人很难跨出打破冷漠的第一步，这就要求冷漠的人通过多做善事来激活自己的热情和善心。

这里所说的善事不一定非得是什么大的善举。比如，我们可以养一只小狗，在养育它的过程中，我们要喂它吃东西，给它洗澡，这些行为都是一种付出。在这个过程中，我们会慢慢感受到，付出不一定就是损失利益，而是一个获得快乐的过程。当我们因为为别人付出而感到快乐时，就不会冷漠地拒绝和别人交往、为别人奉献了。

三、接受别人的帮助。冷漠的人不但不愿意帮助别人，也不愿意接受别人的帮助，这样就很难信任别人，也很难和他人建立心灵上的联系。大多数冷漠的人之所以这样做，就是不想欠别人的人情，所以刚开始接受别人的帮助时，我们可以尽快地报答对方。比如，别人替我们做好了剩余的工作，我们可以买点小礼物送给他，这样礼尚往来，我们就不会有心理负担，而且这样做更容易让人际交往顺利进行下去。但如果建立了朋友关系之后，就不要一板一眼地这样做了，这样反而会加重彼此的心理负担。只要我们开始主动与人交往，就可以慢慢打破冷漠的心理状态。

四、读温暖的小故事。如果我们已经习惯了一个人的日子，也习惯了冷漠的状态，不妨在平日里读一些温暖人心的小故事，尤其是小孩子喜欢读的《伊索寓言》《格林童话》《安徒生童话》等。里面的故事大都是充满正义感和爱心的故事，而且故事非常简短，不需要花费太多的时间。我们在读这些故事时，就可以感受到爱是多么美妙的一件事，被爱是一件多么幸福的事，付出爱是一件多么幸运的事。当我们的心灵慢慢被感化，我们就愿意走出自己的冰雪世界，去感动别人，也被别人感动。

五、通过兴趣爱好结交朋友。如果我们身边一个朋友也没有，我们也不想跟谁交流，那不妨从我们的爱好开始寻求改变。比如我们喜欢练书法，那就可以加入书法兴趣团体，通过自己的兴趣爱好，扩大交往圈，结识志同道合的人。

冷漠像一堵厚厚的墙，将所有的温暖和爱都挡在墙外，在这堵墙后待久了，人们会不喜欢有阳光的日子。可是哪一个人不需要阳光呢？别再让冷漠伤害自己，伤害别人了。来吧，爱你的人都在等着你回到这个有阳光的世界。

30

吝啬

一毛不拔的“铁公鸡”

从心理学的角度来讲，吝啬是一种有能力资助或帮助他人却不肯付出的不正常心态。

关于吝啬心理，曾有心理学家表明，吝啬之人有很强的囤积心理特质。

有囤积心理特质的人，防御心理特别强。这类人始终在守护自己的东西，他们为自己修筑牢固的围墙，不愿意向外扩展，也不愿意了解他人和给予别人关爱。

从前，有一个叫林康的人，他为人很吝啬，从来不愿意为别人付出一点点关心或金钱。连别人叫他讲“布施”这两个字，他都讲不出口，只会“布、布、布……”个半天，好像一讲出这两个字，自己就会损失什么东西一样。

镇上的智者知晓这件事之后，就想去教化他。智者告诉他布施的功德：一个人这辈子之所以拥有很多财富，获得很多人的尊敬，比别人生得好看、俊美，所有这一切美好的事物都跟他上辈子的布施有关。林康听了智者的教诲之后很感动，可是他仍然布施不出去，他为此深感烦恼，便跑去找智者，对他说：“智者啊，我真的很想很想布施于人，但是我就是做不到啊。”

智者弯下腰在地上抓了一把草，把草放在他的右手，然后要他张开他的左手，智者说：“你把右手想成是自己，把左手想成是别人，然后把这把草交给‘别人’。”

林康一想到要把这把草交给别人，一下子就呆住了，满头大汗，但还是舍不得给出去。最后的最后，他突然开悟：“原来左手也是我自己的手啊。”就赶紧把草给出去，自己也为此深感欣慰。第二次做这件事的时候，他只花了一分钟，就把草给出去了。

后来，他很简单地就能把草给出去。智者又说：“现在反过来，你把草放在左手，把右手张开，将草交给‘别人’。”第一次林康也是想了半天才给出去，第二次他很容易就交出去了。最后，智者对他说：“你现在去把这把草给别人吧。”林康便把这把草给了别人。

没有想到，后来经过不断的练习，这个吝啬的林康变成了一个慷慨之人，不仅愿意将财物布施于人，而且还经常关心和帮助有困难的人。

从心理学的角度来讲，吝啬是一种有能力资助或帮助他人却不肯付出的不正常心态。它和吝惜是不一样的，吝惜是对财物非常珍惜，绝不浪费的一种行为。

上述故事中的林康是一个非常吝啬的人，这种人有三大特征：

一、自私。从前面的故事中我们可以看出：林康不愿意为别人付出一点点东西，他不希望看到自己的利益受到损失，害怕自己吃一点点亏。

二、冷漠。林康是吝啬小气之人，所以当他看到别人需要帮助的时候，他不会施以援手，只会漠视不管，更甚者，还会去奚落、嘲笑那些弱者，没有同情心和同理心。

三、封闭。吝啬之人不愿意多花钱，所以他们极少参加集体活动，例如和朋友聚餐等。他们也不关心周围的事物，只想着自己的利益。所以他们几乎没有知心朋友，遇到困难也很难得到别人的帮助。

故事中的林康，就算想要布施于人，做起来依旧非常困难。造成吝啬心理的原因纷繁复杂，主要有以下几点：

一、社会资源占有与分配不均衡。社会竞争激烈，社会财富的占有极具不确定性。这容易使人产生焦虑心理，因为我们的财富的流动性大，升值贬值迅速。我们今天可能是个富翁，明天可能就两手空空，这种不确定性容易使我们患得患失，心生吝啬。

二、欺诈行为横行。现在社会上，欺诈行为横行，欺诈手段各种各样，人们一不小心就会掉进陷阱里。这样的社会状况使得我们大多数人提高了戒备心，即使有能力帮助别人，也会退避三舍。

三、社会价值观。社会风气对人们的心理有很大的影响。如果社会风气好，"人人为我，我为人人"，这样的风气会促使我们更愿意去付出、去奉献。如果社会风气充斥着负能量，社会不公平现象很多，人人斤斤计较，尔虞我诈，那吝啬的心理就更容易出现。

四、生活环境。以前几户人家住在一个院子里，互帮互助，团结友爱，甚至夜里都不锁门，风气非常好。而现在的民居设计都是高层、小高层，大家各自待在自己的小居室里，这样的环境更容易使我们产生一种隔绝、冷漠、吝啬的心理。

五、家庭教育。父母非常吝啬，对孩子也很吝啬，就容易令孩子成为一个吝啬之人。例如有一家人，父母煮好饭了，吃饭的时候，夫妻二人先把荤菜夹个精光，等儿子上桌吃饭的时候，只剩一些菜叶子和泡菜了。父母这样的吝啬行为会让孩子对他们同样是这种态度，对外界也是这种态度。

关于吝啬心理，曾有心理学家表明，吝啬之人有很强的囤积心理特质。这种心理特质有几个特点：第一，控制。不论是对于事物，还是情感、思维，他们的严格要求都达到了僵化的程度。第二，顽固。第三，节省。第四，防御性。第五，拒绝密切的关系。第六，公平。这种公平非常机械，它追求的就是“你的是你的，我的就是我的”。

有囤积心理特质的人，防御心理特别强。这类人始终在守护自己的东西，他们为自己修筑牢固的围墙，不愿意向外扩展，也不愿意了解他人和给予别人关爱。这种人不是内向的，而是向内的。对这种人而言，保护自己，保护自己已占有的资源不会流失，恐怕是他们最关心的事。他们会把物质的得失摆在人的感受之上，对他人的感受毫不重视。

具有这种囤积心理特质的人是可怜的。他们始终处于防守的紧张状态，无法接受新鲜事物，因为那些东西代表着未知、不可控制和潜在危险，这会让有囤积心理的人感到他们的防守随时会被击溃。他们不喜欢这样的状态，所以宁愿一成不变，画地为牢，也不愿意敞开心扉接受别人。

其实对吝啬之人来说，大方和宽容之所以会那么困难，是因为无论是让他们从既定的安全地带走出来，还是在他们的围墙之内占取一点利益，都会打破他们之前良好的心理稳定性。这对他们来说，简直就是要他们的命。

吝啬心理对于别人或对于自身，都是有害无益的。那我们该如何克服吝啬心理呢？

一、自我醒悟法。几乎所有的心理问题都跟人的认知能力有关。吝啬之人很在意自己的利益得失问题，他们越小气，其实失去的越多。你不愿意为别人付出，不愿意在交际上花钱，自然，你也就失去了朋友的关怀，失去了人际交往的乐趣，这样看似是守住了自己的利益，但我们人生的乐趣却没有了。所以要改掉吝啬的习惯，只有从内心深处去认清吝啬的危害，客观、理智、公正地看待一切得失，才能真正纠正自己这种不正常的心理状态。

二、勤读书、读好书。在阅读经典作品、哲学典籍、佛学典籍的时候，我们会看到文章中描写的那些善良的人、宽容的人，我们会明白宽容和善良是一件很难的事情，但做到了就是一件令人幸福的事。

变得大方是需要学习的，这既让我们感到困难，又会让我们看到希望。没有谁天生就是吝啬鬼，既然不是天生的，我们就可以通过后天的训练，慢慢地改变这种消极心理。

三、少量施舍法。上述故事中的林康，刚开始也无法做到布施，于是，佛陀让他先做一些微不足道的小事，比如把左手的草放到右手上，一开始或许很吃力，但这毕竟是一件不足挂齿的小事，只要稍稍加以训练，就容易办到。

吝啬的心理不可能一朝一夕就改变，所以需要一点一滴地去努力尝试。刚开始，我们可以尝试先捐赠一些旧衣物，然后给贫困山区的孩子寄点书籍，慢慢地，我们就会开始变得慷慨、大度。

四、对钱财有正确的认识。首先，我们要意识到：一味地积攒钱财，而不去努力赚钱，是不可能获得大量财富的。因为我们的积蓄来自我们的收获，如果你不想着多赚点钱，只想着攒钱，你赚的钱始终只有那么多，那你攒的钱只能更少。所以，当我们不愿意为人际交往付出时，不愿意在自己的学习工作上多花点钱时，其实就是在断自己的财路。

其次，对财富的认识千万不要陷入狭隘的误区。眼里只有金钱的人，往往犯的是狭隘病。他们从不好好想想，自己为了守住钱财，花了多少心血，内心的焦虑不安、身体的疲惫，这些都是付出的代价。他们没有意识到，自己有一个好身体，就是拥有一大笔财富；拥有一个健康积极的心理状态，也是一笔财富。所以，吝啬的人如果能够从广义角度去看待财富，那就能走出吝啬的误区。

在这个纷繁复杂的世界当中，没有绝对的得与失、好与坏，只有当你的态度是从容大度的，你才不会受到太多的伤害，才不会计较那么多，让自己那么累。

31

挑剔

鸡蛋里面挑骨头

曾有心理学家说过：“总挑剔别人的毛病是自卑的表现。”

爱挑剔、指责别人的人，都是不愿意接纳自己的人，因为他们追求完美，无法原谅自己做错事，也无法接受别人做错事。

晓晓和余磊是一对情侣。还有三个月，他们就要结婚了，于是他们打算同居一段日子，提前试一试夫妻般的生活。

晓晓搬来余磊租的房子里，两个人住进同一个房间。有一天早晨，晓晓六点就起来给余磊做早饭。晓晓做完早饭后，见余磊还没起床，就去叫余磊起床。在吃早饭的时候，晓晓对余磊说："磊，你以后要早点起床。你知道吗？早上六点是生理钟开启的时候，如果这时候你不起床，你这一天的生理能量就会被封锁，这样对身体不好。"余磊打着哈欠说："对对对，你说得对，以后我会早点起床的。"

晚上吃完晚饭后，晓晓和余磊一起看电视，余磊喜欢把脚跷在茶几上，这个时候，晓晓就会非常看不惯地用手将余磊的脚打下去。有一次，余磊看球赛看得正起劲，整个人都投入进去了，没注意到自己的脚跷在了茶几上，晓晓又不管三七二十一地拍打余磊的脚，余磊这回直接火了。他对晓晓说："我已经为你改掉很多了，为什么我的一丁点儿缺点你都容忍不了。今晚，我们还是分开睡吧，都冷静一下。"晓晓第一次看到余磊对她那么凶，整个人都吓傻了，直接呆住了。

余磊本来以为，这件事后晓晓会有所改变，不再对自己的行为挑三拣四。但晓晓却选择了冷暴力，根本不跟余磊说话，也不再为余磊准备早饭。

余磊为了逗晓晓开心，还是选择去哄她，容忍她。但是晓晓的性子一点都没变，现在更是变本加厉，连余磊的牙刷朝哪个方向摆她都要严格要求，余磊的领带有一点点不整齐，也会受到晓晓的指责。

余磊实在受不了了，感觉自己活得像个犯人，每天被人管教着。于是，他向晓晓提出了分手。

从上文中我们可以看出，晓晓对他的男朋友余磊十分挑剔。她希望余磊能够做到她想要的那样，而且要做到最好，不能差一丝一毫，她才能满意。批评指责并不都是不好的，有些人当着我们的面指出我们的缺点，是因为他们希望我们能改正缺点，做得更好。但有些人的指责就像机关枪似的，时时刻刻都准备着瞄准我们身上的任何一个小毛病。就像晓晓，她总是对余磊的一些生活习惯很不满意，甚至已经到了一种强迫症的状态。

曾有心理学家说过："总挑剔别人的毛病是自卑的表现。"我们能够从一个人对待别人的过失的态度上，看出这个人的性格。宽容大度的人对待别人的过失和错误，往往是选择原谅和宽容。心理学家还发现，爱挑刺的人是"卑慢"的，也就是指他们表面傲慢，内心自卑。他们喜欢通过批评、指责别人来贬低别人，抬高自己，从而获得一种成就感、优越感、满足感。

爱挑刺的人看似是无法接受别人的毛病，其实是无法接受自己有同样的毛病。日本著名心理大师河合隼雄曾提出过一个观点：觉得焦躁，是因为害怕自己被看透。晓晓一看到余磊做出让她不满意的事，她就非常烦躁，马上想要制止，是因为她身上可能也或多或少地存在着这样的毛病，她一看到对方有这样的毛病，就想起自己也有这样的问题，她内心非常恐惧被对方看到自己也是这个样子的，所以急切地斥责男友改变，也是给自己警示。就这样，为了防止自己身上这些毛病和缺点被对方看透，我们就变得烦躁，并将其作为攻击对方的武器。

其实，这是心理现象中常见的"投射"。我们问某某，你是不是不想上学了，是不是觉得工作很枯燥，可能是因为我们自己就有这样的想法。所以，当我们指责别人的时候，很有可能是因为我们自己也有同样的缺点。

怎么判断我们是否将自己的毛病"投射"到了别人的身上呢？如果我们在指出别人缺点的时候，心中不会有股"无名火"，不会过分焦躁，只是像个老师一样，指导别人做好，那这个毛病多半是别人的；如果我们一看到别人犯了某个小毛病，就生气、焦躁，甚至想要和对方争吵，那这个毛病多半也是我们自身的。

总之，爱挑剔、指责别人的人，都是不愿意接纳自己的人，因为他们追求完美，无法原谅自己做错事，也无法接受别人做错事。

再者，鸡蛋里面挑骨头，也很有可能是出于单纯的嫉妒心理。他们的生活中有太多比自己优秀的人，一看到别人比自己好，他们就心理不平衡，就想要挑出别人的毛病，就会对他们自己心中的这些“假想敌”实施攻击。

挑剔在人际关系中更多的是一种破坏性的力量，它在心理上已经预设了不平等的关系，因此很容易激起对方愤怒和反抗的情绪。那我们该如何克服这种负面心理呢？

一、询问自己。当我们看到某人的缺点，想要指责他的时候，先不要开口，换个地方，冷静地想一想。三问自己：一问，“我是想要发泄还是希望对方改正？”二问，“我是不是也有这样的毛病？”三问，“我的指责真的能带来好的效果吗？会不会令对方不悦，甚至根本不听？”

二、提升自己。挑剔心理的背后是自卑心理在作祟，如何才能让自己变得自信？我们可以多读一些经典名著或者哲学方面的书籍，多做运动，多出去走走，看看外面的世界，开阔眼界。通过这些活动，我们可以让自己的人格获得提升，精神变得饱满起来，从而开阔我们的胸怀，提升我们的素质。只有我们自身变得宽容大度，充满自信，才不会对别人的过失过分计较。

三、将问题写在纸上。如果我们总是忍不住要挑别人的毛病，那我们可以把这些毛病记录下来。每一条都要写清楚，写完后，自己再认认真真地读一遍，读完后，如果我们还想要指责对方，那就将这张纸条交给对方。因为写的方式不像说的方式那么激烈、那么冲动，它会给我们留下充分的思考时间，所以这个方法可以有效地避免我们与对方发生正面冲突。而且，信息的保留也有持久性和延续性，能够帮助我们进行自我反思。

四、学会夸奖别人。当别人做得对、做得好时，一定不要吝啬我们的夸奖。我们对别人的欣赏，是一种美好的情感。如果我们常常表扬别人，别人也会因此而振奋、愉悦。当人们生活在一种快乐的气氛中时，大家就不会那么计较一些小毛病了。我们常常夸奖别人，也会让我们自己明白，别人就算有一些小毛病，但对方的优点还是很多的，他的优点完全可以盖过他的缺点。

总之，如果我们批评、指责别人是因为自己的心理问题，就算对方依照我们的意见改正了，我们依旧是不会满意的，而且很可能会变本加厉，直到惹人厌烦。只有改变我们自己的心理状态，我们才能更好地接纳自己、宽容别人，与他人和谐相处。

32

拖延

再等我两分钟

鲁迅先生曾说："生命是以时间为单位的，浪费别人的时间等于谋财害命。"我们拖延，就是在浪费时间，浪费生命，这等于自杀。

李来家的淋浴坏了，本来第二天就应该叫师傅来修的。李来第二天一大早要去公司上班，便把这件事情交给了平日在家里从事写作的妻子。妻子回答得好好的，说下午就会打电话叫人来修理。

结果过了两天，家里的淋浴还是无法正常使用。妻子对李来说，这两天她有个非常重要的稿子要赶出来，整个人都钻进去了，就把打电话的事给忘了。妻子承诺说："我会在明天下午打电话的。"可是谁料到，第二天妻子的朋友叫她出去采风写稿，而且这个活动非常有趣，妻子一听完马上就收拾行李飞往苏州去了。在机场待了好一会儿，妻子才想起发条短信告诉丈夫自己出去旅行采风的事。

丈夫工作完一回到家，第一时间就想起淋浴的事，但想着今天都五点半了，打电话叫人来修理太晚了，于是想着还是等明天吧。但是李来的工作每天都是朝九晚五，根本没时间看着工人修理，他也不放心把空无一人的家交给工人们，于是，李来决定还是星期六找人来修理吧。就这样，李来用水盆洗澡洗了将近一周的时间。

到了星期六的时候，李来睡到上午十点才起，洗漱完，吃完早饭，他想起要叫人来修理淋浴。他准备先把电视打开，再打电话，结果电视里正好在播放他喜欢的篮球赛，他一看入迷之后，就忘了要找人来修理淋浴的事。等到了广告时间，他终于拿起电话准备打，又想着先上个厕所再打吧。上完厕所出来，李来没有忘记打电话的事情，但看着要到午饭时间了，他想着还是下午再打吧……结果，下午的时候，李来被朋友约出去玩，又打算拖到星期天再修理淋浴。

就这样，因为各种事情的影响，直到周一，李来还是没有找人来修理淋浴。

新的一周开始了，李来又进入了繁忙的工作状态。李来越来越习惯每天晚上用水盆洗澡，觉得这也挺方便的，就没想过要修理淋浴了。

直到淋浴坏掉的第三周，妻子回来了。妻子带朋友来家里玩。大家聊天聊到晚上十一点左右，准备洗漱睡觉，结果妻子发现淋浴还未修好，妻子感觉这给朋友造成了极大的不便，毕竟那些水盆都是他们夫妻二人平时用的。

妻子对丈夫很不满意，她对李来说："这么一件小事，你居然拖了那么久，这么点小事都做不好的话，以后有了孩子，你能管好吗？"丈夫和妻子都在情绪之中，丈夫又指责妻子之前也拖拖拉拉没去修理的事。就这样，夫妻二人把责任推来推去，吵闹不休，朋友听到这些，感觉也很尴尬。

第二天，在妻子和丈夫还没起床的时候，妻子的朋友就叫人来修理了。妻子的朋友在离开之前对她说："莹莹啊，东西坏了是小事，别因为这事让感情坏了。"

拖延几乎发生在每个人的身上，但上述故事中的拖延更应该引起人们的思考。丈夫和妻子都在拖延修理淋浴，但这只是打一个电话的事，并非一项非常困难的任务，为什么如此轻松的事，他们还是会选择拖延呢？

起初，这件事情的确不是夫妻俩最紧要的事，他们要为工作而忙，对这件事的轻视，导致他们没有及时对其做出处理。

后来，在拖延中妻子和丈夫都感觉到，修理淋浴是一件枯燥乏味的麻烦事，所以迟迟没有采取行动。妻子一听到采风的消息，立即就准备行李；丈夫一看篮球赛，根本就停不下来。在夫妻俩的意识里，就算修理淋浴是应该马上处理的问题，但因为对这件事兴趣度低，让他们很容易被自己感兴趣的事情所吸引，而把这件"麻烦事"抛到脑后。

另外，夫妻俩拖延还有个重要的原因：妻子出门采风，淋浴损坏对她暂时没有影响；丈夫习惯用水盆洗澡后，淋浴损坏也没有对丈夫造成很大的影响。

于是，淋浴就迟迟没有人去修理了。

通过上述故事情节，我们能够感受到，丈夫和妻子都是除了工作和玩乐外，对待其他事都习惯性拖延的人。直到这件事情让妻子的朋友感到不便，让妻子丢了面子，妻子才感受到这件事情影响到了她。当人们因为拖延产生自责、负罪感，甚至是自我否定时，我们应该庆幸，至少现在的我们还明白自己的拖延是不对的。就像如果妻子的朋友不来家里玩，淋浴修理一事，很可能会一直得不到解决。

而且更严重的是，丈夫和妻子的习惯性拖延还会影响到他们的感情，会大大降低他们的生活质量，他们对彼此的信任感也会受到损害。

至于拖延为什么会产生，人们众说纷纭，因为生活中存在各种各样的因素，导致我们无法高效地完成一件事情。鲁迅先生有一句话或许可以帮助我们认清拖延的危害，他曾说："生命是以时间为单位的，浪费别人的时间等于谋财害命。"我们拖延，就是在浪费时间，浪费生命，这等于自杀。如此看来，习惯于拖延的我们，根本不爱惜我们自己的生命。

我们之所以会拖延，或者是因为我们还未好好考虑过死亡这件事。我们不断地回避现实的任务，回避时间的流逝，用娱乐来填充自己，追求虚伪的完美，其实是不想面对死亡。这样蒙骗自己过日子，其实就是怕死，害怕现实生活中的自己一事无成，所以我们才允许自己拖延，伪装成完美的表象。又或者，喜欢拖延的人是因为他们不怕死，尤其是现在的年轻人，觉得死亡离自己还很遥远，他们轻视死亡，觉得还有大把时间可以挥霍。不管怕死与否，我们都没有直面死亡，尊重生死。如果把这个问题想清楚了，那我们就会明白，对自己而言最重要且最紧迫的事是什么。

还有一个问题是，我们为什么会因为拖延痛苦不已？拖延有两种，一种是有截止日期的，另一种是无截止日期的。后一种就比如，我们想要自学一门乐器，想要成为一名作家，这些事情都是我们的自发行为，是我们自己内心的追求，不是外在力量强加给我们的，没有人会要求我们在某个时间点必须学会、必须完成、必须成为。还有，陪伴家人和朋友、锻炼身体、保持健康，这些事更不会有人强行要求我们去做。而这些没有人要求我们必须在某个时间段完成的事，很有可能我们一辈子都不会去开始，更别说完成了。就是这种长期拖延，让人们产生一种强烈的负罪感，因为这是在做对不起我们自己的事，丧失的是我们自己的梦想和人生。很多时候，人们的抑郁也来源于此。

那么，战胜拖延，我们到底该怎么做?

一、将你的任务分为几个步骤。这样我们会感觉到每个任务都是具体的，不像之前，一个很笼统的大目标摆在那里，让自己无从着手。大任务被分解为小任务，小任务完成起来比较轻松，这样可以降低我们逃避工作、陷入拖延的概率。而且每完成一项小任务，就会有相应的成就感，增强了我们的动力和自信心，这样就会支持我们将工作进行到底。

二、完成一项任务，就给自己一个小奖励。给自己奖励，是鼓励自己继续坚持下去，不再拖延，是对自己拒绝拖延的肯定和褒扬。这种做法适合我们决定战胜拖延的最初那段时间，如果长期以奖励的形式来抵制拖延，可能会演变成急功近利，养成功利型人格。所以，如果给自己小奖励，一定要注意给予的时间、给予的量，不可长期如此，也不可让奖励太过丰厚。

三、要增强对未来的实感。拖延的人看着时间一分一秒地流逝，却不知道这意味着什么。如果把自己剩下的时间，不以年来算，而是以天、甚至以小时来算，这样会让我们更加有紧迫感。倒计时也是个很好的办法，这样可以让我们更加有紧迫感，但注意不要给自己太大的压力，以免适得其反。

四、做到七十分，就是我的目标。这是针对一些消极完美主义者提出的建议。这些人大可不必害怕自己做得不够好，首先给自己心理暗示，只要做到60分或70分，就算是成功，这样有助于此类型的拖延者勇敢迈出第一步。只有迈出第一步，才会有后面不断地提高、不断地完善。

五、现在这件事就是最紧要的事。如果我们想要拖延一件事，那就把它当成是自己现在要做的唯一一件事，其他的事都不管，这样我们就能够专注于它，尽快完成任务了。

拒绝拖延的确是一件很难的事，但是想想，我们的人生只有这短短的几十年，每一分每一秒都属于我们珍贵的生命。拒绝拖延，不要再让无谓的拖延夺走我们的生命。

33

狭隘

我就是容不下你

心胸狭隘之人若不能除掉他们的“眼中钉”，就会坐立难安，心神不定，甚至因为思虑过度，影响他们的身体健康。曾有中医指出，思虑过度则气结伤脾脏。所以，狭隘心理既伤心，又伤身，可谓百害而无一利。

余校长自己创办了一所私立学校，这所学校已经建校七八年了，七八年以来，学校的发展每况愈下。这所学校的升学率很低，以致学校的口碑很差，优秀的老师都不愿意来，优秀的学生也不愿意来。余校长整天坐在办公室里苦恼，自己有一腔的教学热情，但却拯救不了这所学校；自己知道很多教育思想，却不知该如何实践，如何改变老师和学生的消极状态。

就在这所学校已经处于停滞不前的状态时，余校长偶然得知，在当地的一所高校里，有一位教授很会教孩子，这位老师不仅有自己独特的教育思想，而且已经改变了很多行为习惯不好的孩子，使他们爱上学习。余校长知道，这位老师一定可以改变他们学校的现状，于是他邀请这位老师去他们的学校教学。

当余校长提出邀请后，这位何教授提出要掌管整个学校的教学，因为要改变这所学校的现状，就必须改变以前的教学方式。如果这个权力不在他的手上，他很难改变这所学校的老师和学生。

余校长跟何教授聊了许久，发现何教授有很多改变学生的成功案例。余校长的学校时常有孩子要逃出校门，为此，余校长还专门请了教官来管理学生。对此何教授却说，这些调皮捣蛋的孩子，我不用武力也可以让他们听话，而且是心甘情愿，甚至是心悦诚服的。对孩子使用暴力，是解决不了问题的，何教授对余校长讲道。余校长一听，这位何教授是个有本事的人，再三考虑，他决定让何教授来学校里担任副校长。

何教授担任副校长还没有一个星期，他带的两个班的孩子就发生了很大的变化，孩子们上课欢声笑语，一改以前的沉闷之气，就连之前爱逃课的那几个孩子，也舍不得离开何教授的课堂。重要的是，这些孩子开始主动学习了，也懂得尊重老师、尊重同学了。余校长本想着，何教授能改变这所学校的风气就不错了，让学生们不逃课、不打架就行，结果万万没想到，何教授竟能在一周之内，让大部分学生都爱上他的课。

余校长发现，何教授不但教学能力十分强，而且在管理老师方面也十分厉害，老师们都非常服从何教授的管理。而且，何教授还点燃了老师们的教学热情，这些老师以前面对那些熊孩子们时，都非常恼火和头疼，现在却不那么苦恼了，开始开动脑筋想着怎么更好地教好学生了。余校长看到何教授那么厉害，上至他这个校长，下至学校职工，都非常佩服何教授。这是他当校长八年来，都从未有过的待遇。

慢慢地，余校长看着全校师生越来越敬重何教授，甚至有时候，都忘了他这个正校长，心理上就开始失衡。余校长心里很明白，何教授是个非常有本事的人，如果他想要取代自己正校长的位置，那是完全有可能的。但何教授从未有过取而代之的想法，他甚至当面跟余校长坦白，他只是想教学生，管教学，至于学校的行政大权，他从未想过。余校长还是不放心，天天都在担忧何教授会抢走他的校长之位。

有一次，学校的另一个副校长蓝校长跟余校长聊起何教授，那是赞不绝口，满脸的崇拜和敬仰。他还对余校长说："这样的人才不可多得呀，余老兄，我们要好好珍惜他，还要向他多多学习呀。"余校长听后，嘴上答应得好，但内心却极不舒服。

余校长心里始终是容不下何教授的。没过几天，余校长竟以何教授上课过于哄闹为理由，开除了何教授。因为这是一所私立学校，所以余校长有权开除何教授。何教授离开时对余校长说："您这样做，并不是害了我，而是害了您。"

没过多久，余校长的学校又回到了从前的样子，陷入了半死不活的状态，学生不想学习，老师不想上课。这时的余校长，又开始一个人在办公室里苦恼了。

从上文中我们可以看出：余校长是一个心胸狭隘的人。当他知道何教授是个有实力的老师后，他都是再三考虑，才答应了何教授，让他管理教学。而后来，余校长之所以会开除何教授，是因为余校长不能容忍何教授比他强，这是心胸狭隘之人的典型表现，不能接受别人超过自己。因为何教授受到众多师生的敬重，余校长觉得自己成了陪衬，这是心胸狭隘之人万万不能接受的。

狭隘之人与强者的不同之处就在于，真正的强者，如果发现自己不如别人，就会努力提升自己；而心胸狭隘之人，只会想着通过压制别人，使别人无法超过自己。余校长清楚地知道自己的能力不如何教授，但他并不想着如何提升自己，使自己进步，而是整日担忧何教授会取代他的地位，并最终选择了以开除了何教授的方式“保住”自己的地位和尊严。

心胸狭隘之人若不能除掉他们的“眼中钉”，他们就会坐立难安，心神不定，甚至因为思虑过度，影响他们的身体健康。曾有中医指出，思虑过度则气结伤脾脏。所以，狭隘心理既伤心，又伤身，可谓百害而无一利。

在上面的故事中，余校长把何教授开除后，他的学校发展停滞不前，甚至情况变得更糟了。由此，我们可以发现，余校长这个人目光短浅，心里只有自己的地位和权力，没想到更重要的是学校的发展。若余校长不那么自私和自我，何教授就能帮助他把学校振兴起来，而他丢失了这个机会，就是因为他的狭隘。所以，心胸狭隘之人往往做不成大事，因为他们接受不了别人的能力在他们之上。

心胸狭隘之人还有一个特点，就是他们极度敏感、自尊心脆弱。别人随便说的话，他们都习惯对号入座，认为别人在指责他们、不看好他们。他们会对这些“伤害”他们的人耿耿于怀，然后想着找个机会去报复对方，只有对方受到的伤害大于他们所受的“伤害”，他们才能觉得心里好过一点。所以遇到心胸狭隘之人，我们总是难以防范的。

我们会有狭隘心理，原因有两点：

一、认知水平低、阅历浅、经历少。有时候，我们容易把事情想得过于复杂、困难，这让我们觉得自己的能力不足而难以完成；有时我们又容易把事情想得过于简单，而自己却没有做到，这两方面的因素都使我们觉得无能为力。当我们认为自己完不成任务、做不好事情，我们就会紧张、烦闷、生气，变得心胸狭隘。

二、家庭因素。有些孩子从小被宠溺惯了，在家里没有人会反对他，没有人会对他不好。这种溺爱让他变得肆无忌惮，变得自私自我，容不得别人比自己强，受不得半点委屈，内心变得十分狭隘。

狭隘心理会阻碍我们事业的发展，也会影响我们的人际交往。那我们该如何克服这种心理弱点呢?

一、充实知识、提高眼界。多阅读一些可以修身养性的书籍，例如《老子》《孔子》《庄子》等。诸子百家的文章里面有大智慧、大情怀，阅读这些文章可以帮助我们看到更广阔的世界，不再拘泥于自己狭隘的内心世界，这样我们才不会因为一些小事耿耿于怀，记恨在心。

二、增长阅历、丰富经验。阅历少的人缺乏经验，看待问题就容易极端化、片面化、绝对化，这样的人就容易心胸狭隘。心胸狭隘之人需要丰富自己的社会经验，与社会接触得越多，就越明白人们成功的原因，也会明白导致自己的失败或失落的因素非常复杂，并不单单是哪个人或哪方面的因素在起作用。所以，我们不能将失败的愤懑归究在某个人的身上，也不能因为某一件事的失败就否定自己。当我们的社会经验丰富了，我们就不会再狭隘地看待问题，会更为大局着想。

三、多结交宽容大度之人，学习宽容的处世态度。心胸狭隘之人一般不愿意向比自己强的人学习，但要改变心胸狭隘的心理状态，就必须接受他人的强大，向他人学习。在向宽容之人学习时，你不必想着自己不如他宽容，而是应该看看他是如何做到宽容的；也不要想着你在学习这个人，而是想着你在学习这种宽容的品质。那样你就不会觉得向强者学习是一件非常痛苦的事了。

四、培养兴趣爱好。心胸狭隘之人时常心神不定、思虑日久，甚至想方设法地去陷害别人，这才导致这类人过得极其痛苦。当我们总是对别人怀恨在心、情绪烦闷时，可以试着培养一些自己的爱好来转移我们的情绪。比如，刚开始我们可以把爱好当作泄愤，如果我们的爱好是画画，那画一幅画就等于攻击自己嫉恨的人一次。当画的画越来越多，再倒过来看时，我们会发现，自己画的画虽然全是为了攻击别人，但第一，我们发泄完以后就不再那么苦闷了；第二，这样的行为会让我们发现，其实一直都是我们自己一个人想不开，并没有谁真的伤害过我们。如果借此我们真的爱上了画画，我们的心理世界就会变得更加宽广，也就不会再那么计较了。

五、外出旅游、感受自然。我们都知道，出门旅游，看看自然风光，可以让我们的身心开阔。看到大自然的壮阔、幽美、奇秀，我们就会发现，大自然很博大，它可以容纳世间各种各样不同的美，那么我们的内心为何做不到呢？我们也可以学习大自然，容纳各种各样的人、各种各样的事。

雨果曾说："世界上最宽阔的是海洋，比海洋更宽阔的是天空，比天空更宽阔的是人的胸怀。"如果我们有一颗宽容的心，有一个宽广的胸怀，我们就会发现，这个世界远比我们想象得要更加广阔和精彩。走出自己狭隘的圈子，既是避免伤害别人，也是放过自己。

34

羞怯

为什么这样不知所措

羞怯心理一旦产生，我们的肾上腺素会比平时分泌得多，血液循环也会更快，由此造成我们的大脑中枢神经活动出现暂时性紊乱，记忆系统发生故障，思维也跟着“混乱”起来，于是造成了我们语无伦次、举止失措的窘态。

萧慧是一名女高中生，在一次数学课上，当大家都在安静地听课的时候，她不小心把她的水杯给弄倒了，桌子上弄得全是水，她的课桌底下也全是水。她本可以慢慢地用卫生纸把水擦干的，但是当时她非常紧张，手足无措，直接就用手把水赶下桌去了，而且完全不经大脑地朝自己的正面赶，结果水全部落在了她的短裙上。她的短裙被打湿了，她就一直埋着头，用卫生纸不停地擦拭裙子……

这时，数学老师劝她说："萧慧，下课再弄吧。"她听到这话后，不敢再乱动，只是一直捏着卫生纸，埋着头，也不愿意继续听课了。萧慧总觉得，所有的同学都在看着她，嘲笑她的窘态。但实际情况是，同学们都继续听课去了，没有人再关注她。

萧慧就一直这样耗着，不肯抬头，也没心思继续听课。老师也感受到了萧慧的难堪，于是也不再提醒她专心听课了。她的同桌华宇说："萧慧，没事的，夏天裙子会干得很快的。"萧慧听到这话，开始做课堂笔记了，但她依然低着头。

华宇本来以为，萧慧已经不那么紧张了，结果，没过一会儿萧慧忽然站起身，语速很快地跟老师说她要回去换身衣服，老师说这要问班主任。萧慧却已经匆忙地跑出了教室。

班上大部分同学都看着萧慧跑出门去，有个女生低语道："至于吗？非得回去换一身……"

另一个故事是，熊玲去李浩家里玩，李浩是熊玲心仪的男孩子，他们就读于同一个专业。李浩的母亲带熊玲参观了李浩的房间，并为他们准备了甜点，让他们在卧室好好聊聊。

熊玲坐在床上，李浩坐在书桌前，两个人聊起系里的一些事。熊玲第一次跟李浩这样单独相处，而且李浩并不知道熊玲喜欢他，只是因为彼此都是学生干部，相处时间长了，他就把熊玲当哥们儿一样看待。熊玲看李浩一直很认真地看着自己，正儿八经地讲着学生会的事，突然感觉时间好像静止了，她心跳得很快，出神地望着李浩，一副心动的样子。李浩见熊玲这个呆呆的样子，感觉很奇怪，而且看她的脸越来越红，就问：“哎，玲哥，你咋了，不舒服？”熊玲这才反应过来，发觉自己失态了，她马上对李浩说：“我肚子不舒服，去一趟厕所。”

在厕所里，熊玲感觉非常丢脸，甚至有点不愿再见到李浩。而且一想到李浩那样问她，她就明白，李浩对她没有那个意思。她就更觉得自己刚才的状态很可笑，认为李浩肯定也在嘲笑她，说不定还瞧不起她。

她在厕所 40 分钟了，李浩很担心她出事，但又不好意思去叫她。于是李浩叫妈妈去问问她。李浩妈妈还没来得及去问，熊玲就自己出来了。

正好到午饭时间，李浩妈妈准备了一桌子的菜，熊玲跟李浩正对着坐。李浩见熊玲默默地吃着自己的饭，不说话，也不多夹点菜。李浩父母叫熊玲多吃点，熊玲也只是随声应和着。

李浩想要逗熊玲开心，他夹了一块蹄花给熊玲，还说：“玲哥，来，吃块蹄花，还记得上次女足比赛你踢的那一脚吗？太牛了！”熊玲大声吼道：“李浩，在你心里，我就是个男的是吧！”李浩全家人听到这句话后，都安静了，熊玲也不再说话，脸上一副既愤怒又难过的样子。熊玲坐立不安，等安静几分钟之后，她说：“叔叔阿姨，我吃饱了，我先回家了，谢谢你们的款待。”

熊玲走后，李浩妈妈说：“浩啊，是不是你叫她玲哥，她生气了？”李浩：“我以前天天那样叫她，她也没生气啊，这次不知道咋了。”

上述故事中的萧慧和熊玲，她们遇到的情况，以及她们当时的那种窘态，我们在生活中也或多或少地见到或者经历过。为什么一发生这种情况，我们就会手足无措，甚至会恼羞成怒呢？在第一个故事当中，萧慧把水杯弄倒这件事本来只是一件小事，只要整理一下就行了，但在她的意识里，这是一件引人关注，甚至是被人嘲笑的事。她觉得自己把水杯弄倒了是一件很不应该的事，可能别人都不会犯这样的错，所以她感觉自己很丢脸。从她的内心来讲，她很难接受自己把水杯弄倒的失误，所以她想要尽快把这个“错误”抹去，结果就是因为她过分地关注这件事，反而手忙脚乱，把水弄到了裙子上。裙子打湿后，她又觉得别人都在关注她的裙子，这就导致她一直处于一种过分关注自己的紧张状态中，甚至是从裙子上滴到地上的每一滴水都让萧慧感到紧张，因为她觉得这一切细节别人都看在眼里，所以，就算华宇已经让她放松一些了，她最后还是选择回家换衣服。这件事情让萧慧产生了严重的心理负担。

再看熊玲，熊玲会产生羞怯心理，是因为对方是她喜欢的人。她对喜欢的人看得入了神，其实站在她对李浩的感情角度来说，这是很正常的。但是李浩的回应让她觉得这是极大的讽刺：李浩感到奇怪的表情，让熊玲觉得那是嫌弃；李浩问她是不是不舒服，让熊玲感觉她心动的样子在李浩眼里就是一种病态；李浩对她的称呼，让她觉得李浩对她确实没那个意思。这些都会让熊玲觉得自己出丑了，一想到在自己喜欢却根本不喜欢自己的人面前犯花痴，她就觉得非常丢脸，以致后面吃饭的时候，熊玲一直处于一种又羞又怒的状态，李浩说的玩笑话，她也觉得是种讽刺、挖苦。

简单来说，羞怯就是一种羞涩、胆怯。它会表现为紧张、难为情、面红耳赤和退缩。为什么羞怯会产生这些反应呢？那是因为羞怯心理一旦产生，我们的肾上腺素会比平时分泌得多，血液循环也会更快，由此造成我们的大脑中枢神经活动出现暂时性紊乱，记忆系统发生故障，思维也跟着“混乱”起来，于是造成了我们语无伦次、举止失措的窘态。

虽然羞怯的人产生的反应相似，但根据羞怯的成因我们可将羞怯分为三种不同的类型。上述两个故事的主人公的情况可称之为认识型羞怯，这是由于不正确的认识引起的害羞。这种人最大的特点就是：过分关注自己，过分追求一种自我安全感。如果萧慧能够认识到弄倒水杯这件事只是个小失误，如果别人因此嘲笑自己的话，只能证明嘲笑她的人是无趣的、素质低下的，那样她还会如此紧张兮兮、手足无措吗？在意别人的看法，其实是太在意自己了。而熊玲之所以会恼羞成怒，是因为她在意自己在喜欢的人面前的形象，她关注的是自己在对方那里能不能留下一个好印象，但她却没有照顾李浩及李浩家人的感受。如果我们没有想过一定要得到别人的好感，就不会因为不被看好而失望了，所以说，有一种紧张，叫自作自受。

还有另外两种类型的羞怯，一种是器质性羞怯，这就是我们常说的内向害羞的人，他们似乎生来就很敏感，有时别人可能稍微大声一点，都会对他们产生不良的刺激。林黛玉就是其中的典型人物，她见到人很容易害羞，说话轻声细语，做事处处谨慎，生怕自己做错了。

另一种就是挫折型羞怯。有一些人本来不怕羞，个性十分阳光开朗，但在生活中遇到几次令他羞愧难当的事情后，他就会担心日后还会发生类似的事。比如，一次运动会上跳高摔了个“狗吃屎”，班会上唱歌刚唱第一句就忘词了，等等，这样的话，他以后就容易产生羞怯心理。

羞怯一产生，会让我们整个人都感觉不自在和不自然，可能还会使我们陷入过分的紧张之中。那我们该采取什么办法来应对羞怯呢？

一、条件允许的情况下，闭眼深呼吸，让自己放松。但要避免用药物来放松，因为药物效果一旦消失，自己仍会陷入过于紧张的状态。

二、在生活中，多与陌生人交谈，要直视对方的眼睛，自然地关注对方，这样就不会一直想着对方是怎么看自己的了。

三、经常对着镜子练习说话，说什么不重要，重要的是能够一直从容地说下去。清楚地看到自己说话时的状态，发现不好的地方，首先要接受它，再努力改善自己的状态。

四、在心里暗示自己，别人并没有关注自己，可能是在关注其他事物，只是恰巧看起来像是在关注自己而已。如果对方真的是在关注自己，那就告诉自己，可能是因为自己身上有什么很有看点的东西，才会引起对方的关注。

五、在与别人交谈时，注意自己的面部表情和肢体语言。要微笑、时不时地点头、握握手，这些行为主要是让害羞者产生一种自己放得开、比较自在的感觉，这样他们就不会觉得和对方聊天非常紧张了。

六、要多读书，广泛涉猎各种知识。视野开阔之后，人的心态才会更从容，就不会因为一时的出丑或尴尬而久久不能自拔了。

有关资料表明，只有 5% 的成年人确信自己从未感到过羞怯，大约 80% 的人认为自己在儿童和青少年时期感到过明显的羞怯。羞怯本就是人们与生俱来的本能反应，所以当羞怯产生时，急于消除它，可能会适得其反，越关注自己做得好不好，就越容易出错。所以，面对羞怯，我们应该“厚脸皮”一点，想着“犯错就犯错吧，最多让自己一时出出丑而已”。只有当我们不过分地在意自己的羞怯时，它才能得到缓解。

35

虚伪

时好时坏的面具

虚伪不一定代表伤害，有时它既能保护自己，也能保护别人。虚伪是人性的弱点，但如果我们能恰如其分地运用它，不做伤人伤己的事，便能因此而过得更好。真真假假，全在于我们虚伪的用意；善与恶，全在于我们自己的选择。

小玲的朋友阿双打电话约小玲一起去丽江玩。

阿双说："小玲啊，好久不见了，我好想你啊。过两天我们和玉梅他们一起去丽江玩吧，正好叙叙旧啊。"

小玲："其实，我也很想去的，朋友们可以一起聚聚，那是多好的机会啊。可是最近家里有亲戚在，人家也是好不容易来玩儿一回。"

阿双："那就叫上你亲戚一起呗，岂不是更好玩？"

小玲："他们来的时候，都坐了那么久的长途车了，哪还愿意又坐车去丽江啊。"

小玲继续说道："哎呀，那真的是可惜了，只能以后再聚了。"

阿双："是啊，可惜了，我会给你带丽江特产的。"

通话结束后，小玲的女儿问小玲说："妈妈，明明没有亲戚来我们家啊，你为什么要跟阿姨说假话呢？你不想去，不可以跟阿姨直说吗？"

小玲说："晴晴，很多时候我们都是不能说实话的，说了实话，可能反而会让别人不高兴。"

女儿问道："那妈妈你为什么还教我不能说谎呢？还说说谎的孩子都不是好孩子。"

小玲一时不知道该怎么回答。

阿双跟小玲通完电话后，立马给玉梅打电话说："你再找个人吧，小玲不愿意去。"

玉梅说："小玲不是你的好朋友吗？你叫不动她？"

阿双："要不是必须再加一个人入团才打折，我才懒得叫她呢，那么久没见了，谁还记得她呀。"

玉梅："好吧，我帮你再找个人吧。"

阿双："好好好，谢谢啊。"

在一种恶性竞争的环境中，人们也极易产生虚伪的行为。下文就是一个这样的故事。

李丽和王梓是高中同班同学，王梓的成绩一直位居年级第一，李丽位居年级第二。李丽和王梓平时是好朋友，李丽有什么心事都会和王梓聊，两个人一起吃午饭，一起逛操场。

每一次，王梓考取了年级第一，李丽都会对她说恭喜和祝福的话，甚至还会给她准备礼物。也是因为这样，王梓和李丽走得越来越近，经常会邀请李丽去她家玩。班上的同学也都认为李丽非常喜欢王梓这个朋友，对她是很真诚的，就算是做个"千年老二"，李丽也绝不会嫉妒王梓，而是真心为她感到高兴。

有一次，王梓考取了全市第一的好成绩，获得了老师们的表扬，同学们也非常羡慕她。这一次，李丽依然非常开心地对王梓说："梓儿，恭喜恭喜！全市第一哦，太棒了，继续加油！"李丽还送给王梓一个非常大的熊娃娃。

但是，李丽回家以后，吃完晚饭，就把自己关在房间里。她不停地大哭，妈妈问她什么事，她也一语不发。

直到第二天，妈妈收拾她房间的时候，发现床下的一些纸团。妈妈打开来看，上面写的是：王梓，为什么你是第一名，而我永远只能是第二？我比你还要努力，还要拼命地学习，凭什么，凭什么！我根本不拿你当什么好朋友，每天看到你那张脸，我就想到你拿走了属于我的第一，我一定要超过你，我也要让你品尝到失败的滋味……

看到这些话，妈妈哭了，她完全没想到女儿竟然是这样的人，她觉得自己的教育很失败。

除了上面的这种竞争环境，在生意场上，也不缺少"虚伪"的例子。

小兵刚开了一家火锅店，他对消费者保证，他使用的油绝对是好油、放心油。自从开张以来，他的生意一直非常红火，客人源源不断。却不料，在开张后的第二个月，小兵的火锅店就被食品药品监管局查出正在使用地沟油。

顾客们纷纷唏嘘感叹道："现在还有几个生意人是有良心的呀！全都是为了自己的利益！"

虚伪是人性的一大弱点，几乎人人都会有虚伪的时候。当我们感受到别人的虚伪时，心理上会很受伤，我们会感慨，这世上还有什么是值得相信的呢？还有谁是完全真实的呢？

虚伪的人首先是想欺骗自己。故事中的小玲、阿双，还有李丽，他们对朋友的态度是不真诚的，不代表他们不想表达自己真实的态度；相反，他们可能很想让对方知道自己的真实想法。李丽在王梓面前装得那么辛苦，她巴不得自己能把想说的都说出来，内心那么嫉恨，表面却要装得很要好，这不是她想要的结果。她之所以继续虚伪下去，是因为她知道，嫉恨虽然是她真实的心理状态，但那不是健康的心理状态，那是不对的、不可告人的。所以，她想要欺骗自己，只要自己没有表现出嫉恨，王梓和同学们就不会知道她的内心是怎么想的。这样的话，虚伪就可以让她减少对自己的谴责。

而小玲和阿双为了维护表面上的友情，没有对对方说真话，这似乎是为了不伤害对方，实则是害怕伤害到自己的利益，害怕日后和对方相处起来感到尴尬。所以很多时候，我们之所以虚伪，是为了维护自己的利益。这就包括：维护自己的私人情感，维护自己的工作利益，维护自己的家庭，等等。

在动物界，动物们为了生存，养成贪婪、狡诈、残忍的习性，但我们人类与动物不同，因为我们具有更发达的智力，懂得思考，崇尚道德，所以我们必须理性地克制自己身上的那些动物习性，来完善自己的人性。很多时候，我们不能放任自己身上的动物本能，不能想吃就吃，想要什么东西就要什么东西，想说什么话就说什么话……我们小时候想要芭比娃娃，就会马上跟妈妈说自己要芭比娃娃，但长大以后，妈妈问我们缺钱吗？我们也会因为体谅父母，哪怕缺钱也会硬着头皮说自己不缺。有时候的虚伪、伪装，也是我们长大成熟的表现。

社会压力让人变得虚伪，有时为了迎合社会的需要，为了适应社会生存，我们不得不虚伪，不得不以虚假的面目示人。但是有一种虚伪，是不可原谅的。就像上面的第三个故事，小兵为了谋取自己的利益，竟做出伤害消费者健康的事，这种作假行为已是一种犯罪行为，是不可饶恕的。

总之，虚伪会带给人们很多苦恼和伤害。就像故事中的李丽，她用虚伪来掩藏她对王梓的嫉恨，这样做对她和王梓来说都不好。李丽长期处于愤怒、伤心、压抑的状态中，可能会导致抑郁症；而且，随着她对王梓的愤怒和嫉恨不断发酵，她很可能会做出伤害王梓的事来。

那我们该如何避免这种带有伤害性的虚伪呢？

一、卸下心防，面对真相。当我们因为虚伪让自己感到很痛苦的时候，我们就应该面对自己真实的想法。比如像李丽这种情况，我们可以先把真实情况写在纸上：王梓考了第一，我考了第二；王梓为什么能考第一，我为什么考第二；我心里没拿王梓当朋友，王梓对我的态度又是怎样的……把这些情况都如实地写下来，越详细越好。因为这样的虚伪源于嫉妒，如果我们把自己所嫉妒的对象的情况与自己的情况原原本本地写出来，然后相比较，就会发现自己心生嫉妒只是自己的问题，是自己还有哪里表现得不够好，哪里还可以提高或者弥补。等我们没有了嫉妒，对别人好就不是一种虚伪的做法，就不会让自己不舒服了。

二、坦诚相待，讲出心里话。我们明明讨厌一个人，却表现得很喜欢他，这样的虚伪让我们很难受。但在背地里讨厌别人，说别人坏话，甚至做出伤害别人的事，这样只会伤人伤己。

既然如此，为何不对对方坦诚相待呢？如果这个人是我们的朋友，他有一些缺点让我们不喜欢，我们却不指出他的缺点，而是对此表现出赞同和欣赏，那就是在害我们的朋友。其实我们可以尝试着跟他沟通，讲出我们对他的不满，告诉他有哪些地方会令人反感。如果他愿意接受我们的批评和建议，就可以帮助朋友更好地认识和完善自己，也会促进我们与朋友之间的感情。

三、善意的谎言，何必有负担。当有些病人被查出得了绝症，却不愿意将这个事实告知家人，让家人陷入焦虑和绝望，但又因为骗了家人，而产生了心理负担。

要减轻这种心理负担，可以先想一想，自己如果告诉家人真相会是怎么样的一个结果；不告诉家人真相，又是怎么样的一个结果。是前者带给对方的伤害大，还是后者带给对方的伤害大？两者衡量一下，我们便会明白，不告诉家人真相是更好的选择，这样我们就可以减轻自己的心理负担。所有善意的谎言都可以用这种思路来消化。

虚伪不一定代表伤害，有时它既能保护自己，也能保护别人。虚伪是人性的弱点，但如果我们能恰如其分地运用它，不做伤人伤己的事，便能因此而过得更好。真真假假，全在于我们虚伪的用意；善与恶，全在于我们自己的选择。

36

犹豫不决

到底选哪个好呢

犹豫不决的人最致命的思维误区就是“层级局限”。这就像我们还没中五百万，就开始担心如果自己中了五百万，会不会被人抢劫，会不会遭遇暗杀……这就是典型的“站在一楼推测五楼”的思维方式。

有一天，左文刚忙完工作在家休息时，想到下午正好是休息时间，他很想去女朋友家里，和她说说话。但他又想，他和女友刚在一起不久，就去她家找她，是不是太唐突了、太冒昧了。他左思右想，女友会不会不待见他，会不会不在家，会不会太忙了，会不会根本不想见他？

最后，他还是硬着头皮坐上了一辆出租车来到女友家，但在车上的时候，他就开始后悔了。

当他下车后，他在女友家的那栋楼下徘徊了很久，想着干脆还是回自己家吧，但又想着既然来都来了，那为何不上去一试呢？

他走进电梯，来到十楼。他按电铃，结果电铃不响，然后，他试着敲了两下门，结果还是没人回应。他想着，打个电话吧，不过他又开始犹豫了，如果女友在家的话，怎么可能不来开门呢？如果女友是欢迎他的，怎么可能不给他开门呢？他想着如果这时候还打电话给人家，是不是太厚脸皮了。他又想，或许是女友并没有听到敲门声呢？他纠结了，要不要再敲两下呢？可是如果真的是女友不待见自己，那再敲下去，简直就是一种打扰了啊。

就这样，左文在门口徘徊不定，走来走去，一直无法决定自己是否应该敲门。

左文的女友到底在哪儿呢？原来，她就在家里，她听见了敲门声，但她并不知道那是左文。最近小区内发生过入室盗窃案，她很怕那是什么坏人，无奈猫眼又被小侄儿用口香糖堵住了，根本看不到外面是什么人。

女友也很想打个电话让左文过来陪陪她，但她也很犹豫要不要打这个电话，万一左文在工作呢？万一左文约了朋友出去玩呢？女孩子主动打电话给男生是不是太不矜持了？于是，她在纠结当中也没有打出去这个电话。

后来，左文在门口转悠够了，就回家了。左文很失落，因为他就这样浪费了一下午的时间，这一下午他都没有等来女友的消息。女友也很失落，因为她是非常希望左文来陪陪她的，但她迟迟没等到左文的消息。

左文和女友会消耗掉一个下午的时间，错失彼此相处的机会，是因为他们彼此都犹豫不决。可我们为什么会犹豫不决呢？

第一，我们的得失心太重，恐惧失去，这是我们难以取舍的一个重要原因。左文和女友都害怕自己失了面子，害怕自己得不到恋人的热情回应。他们想的都是自己在对方心中的形象，所以迟迟拿不定主意。犹豫不决的人总是花费大量时间考虑，怎样做才是对自己最有利的。

第二，认知障碍。我们得失心重，是因为我们没有能力看清我们想要得到的究竟是什么，在我们心中什么是最重要的，所以我们就很难判断一件事的利弊关系。左文如果弄清楚自己的面子重要还是见到女朋友重要，他就不会犹豫不决了。

第三，情绪刺激。我们对一些事情犹豫不决、考虑再三，是因为我们在这类事上吃过亏。比如，有些女孩子经历了几次失败的恋爱以后，再次遇到喜欢的人，就不会那么勇敢地去谈恋爱了，会考虑很久才决定要不要和对方成为男女朋友。再比如，如果我们吃兔肉闹过一次腹泻，日后见到兔肉都会有些忌惮。这就是心理学上所讲的：我们过去受到过强烈的不良情绪的刺激，一旦再次处于类似的刺激情境下，我们就会产生消极的条件反射。

第四，性格因素。有些人胆小怕事，做人唯唯诺诺，天生性格就是害怕承担后果，这种人做事情是最容易犹豫不决的。

第五，家庭原因。家人的过分宠爱会让孩子渐渐失去思考能力和独立自主能力，在这样的生长环境下长大的孩子，他们进入社会后，面对事情就会无从着手，容易犹豫不决。

犹豫不决的人有一个典型特征，就是他们会把横在面前的困难放大，抱着能拖一天是一天的心态逃避。他们看似谨慎小心，拒绝鲁莽从事，其实是因为内心深深的不自信和恐惧。

而且，犹豫不决的人最致命的思维误区就是“层级局限”。左文在还没有见到女友之前，就开始想女友见到他以后的各种心理状态，这样的想象自然会让我们考虑更多的东西，导致我们难以抉择。这就像我们还没中五百万，就开始担心如果自己中了五百万，会不会被人抢劫，会不会遭遇暗杀……这就是典型的“站在一楼推测五楼”的思维方式。这样的思维会让我们止步不前，鲁莽的决定、错误的选择都不是最大的危险，最大的危险就是这种我们一直处于止步不前的状态。

哈佛大学乔伊斯·马德勒教授曾对人们贫穷的原因做过漫长的研究，最后，他得出了9个令人变穷的因素，而首要因素就是犹豫不决。犹豫不决的习惯并不是简单的让我们选了A就得不到B，而是会让我们在不停的犹豫中失去我们的人生。

那我们该如何克服犹豫不决的性格缺陷呢？

一、先做决定，再做总结。犹豫不决的人平时要考虑很久才能做出一个决定。更严重的是，在漫长的犹豫中，他们很可能最后放弃了选择，选择了逃避。所以，喜欢犹豫不决的人，要养成一种快速做决定的习惯，也就是把过去的思维模式转变一下，过去是先考虑后决定，现在是先决定后总结。在做完决定之后，如果我们发现自己的决定是错误的，就要总结经验教训，以免下次再犯同样的错误，这样会更利于我们下次做出正确的选择。

二、扔硬币决定。虽然这种方法是个很老套的方法，但它很有效果。丢硬币不是帮助我们做出更好的选择，而是帮助我们快速地走出纠结的状态。从抛出硬币的那一刻起，我们心中就有一个答案了，那就是我们希望抛出的那一面，即便最后抛出来的结果并不是那一面，我们也知道自己应该选择的是哪一个了。

三、不要在意自己的面子。就算是很多有成就的人，有时做起决定来也容易拖拖拉拉，很长时间都没有个结果，因为他们担心自己做了一个错误的决定，遭他人嘲笑，被别人瞧不起。这样的话，他们大部分的精力就用在了怎么维护自己的形象上了。很多时候，我们的犹豫不决源于我们对自己个人形象的追求，所以，往往不在意这个选择会给自己带来什么影响的人，越容易快速做出决定。

四、对我们的需求排序。犹豫不决的人往往是贪心的人，他们之所以会在两个选择、三个选择之间不停地徘徊，就是因为他们不想错失任何好处。但是我们在做选择的时候，必定是有得就有失。所以，为了选出我们最想要的结果，我们就必须给自身的需求排序，将我们最需要的排在第一位，最不需要的排在最后一位，这样当我们再做选择时，就可以按照顺序选择而不必再纠结了。

五、相信第一直觉。我们在犹豫不决的时候，闭上双眼，心中出现的那个答案是什么，就选什么，不要再改动。因为那才是我们心之所向的最好的答案。

我们花费了大量的时间在选择上，殊不知更重要的是行动，只要我们下定决心去走一条路，就会走出一条成功之道。正如一句流行语所说的那样：你坐在一条正确的道路上，还是会被别人超越的。所以，很多时候，行动比选择更重要。那还等什么，快速做出你的决定，开始行动吧。

37

追求完美

我要百分百的好

完美主义者为什么一定要追求完美呢？根据心理学对完美主义的研究，完美主义的根源是幼儿式的思维模式。也就是说，很多人长大成人之后，他们的思维模式还是幼儿的“二分法”思维模式。

小林是一名公司白领，在公司里属于管理阶层。小林对待任何事情的要求都很严苛，总是追求一种完美的状态。

小林的下属们平时工作很害怕出现纰漏和不足，因为任何一个小瑕疵都可以惹得小林雷霆大怒。有一次，小林的下属交给小林一份文件，小林仔细阅读完文件后，发现文件的第三页多了一个逗号，于是小林当即严厉地训斥了该下属一顿，还气急败坏地将文件摔在下属的身上。

小林对自己要求也非常严格，如果做不到自己所期望的那样，他就会很自责、很难过。有一次，小林完成了一个方案，交给老板看，老板很满意。但就在老板决定采用小林的方案时，小宋拿来了自己的方案，老板一看觉得耳目一新，很有创意，打算采用小宋的方案。小林对老板说："她的方案还有很多信息不够充分，怎么可以用她的呢？"老板说："小宋的方案的确没有你的方案文字成熟、步骤清晰，但你发现没有，她在项目开发那一点上，有自己的创新性，这就是我们所需要的呀。"小林听到老板的话以后，整个人都很沮丧，打算熬夜重做方案。他熬了一晚上，凌晨六点左右，倒在了办公桌上。

小林精神压力过大，又经常不按时吃饭，身体状态已是过度疲劳。就在小林的妻子赶来医院的时候，小林正打着吊瓶在病床上休息。然而小林看到妻子后说的第一句话，竟是责怪妻子今天的着装颜色搭配得不协调。小林对妻子说："你先回去换了衣裳再来吧。"小林的妻子掉着眼泪，非常生气地跑出了病房。

从上文中我们可以看出，小林是个完美主义者，凡事都力求完美，容不得一点瑕疵。完美主义者的性格特征之一，就是对自己要求严格，对他人要求也很严格。追求完美的人不能容许自己犯一丁点儿错，无法面对失败的结果。小林对下属要求很严格，不能容忍他们犯错，其实是内心深处无法容忍自己可能会犯跟下属同样的错。

完美主义者为什么一定要追求完美呢？根据心理学对完美主义的研究，完美主义的根源是幼儿式的思维模式。也就是说，很多人长大成人之后，他们的思维模式还是幼儿的“二分法”思维模式。这种模式表现在：他们始终以自我为中心，以他们的好恶来判断好坏。就像小林对待妻子的态度，他认为妻子衣服的配色是不协调的，就认为这是不对的，是不完美的。但是衣服穿在妻子的身上，怎么搭配是妻子的自由，不应该由小林来决定。由此可见，完美主义者的心智还不够成熟，还不能多维辩证地去看待这个世界。

这种“二分法模式”还表现在：完美主义者对好坏、对错的判断非常单一。在他们的意识里，如果不是最好，就是最差，所以他们无法忍受失败。只要他们没有做到最好，他们就会认为自己是最差劲的，是不被人接纳和认可的。

完美主义者追求完美，是因为他们以追求完美为正确的人生态度，甚至引以为傲。我们认真做好自己的工作，并且尽力做到最好，这是无可厚非的。但我们需要意识到，即使我们努力工作，也不代表我们就一定会得到完美的成果。一件事的成败跟环境因素、人文条件、时间因素有着密切的关系，所以，世界上不可能存在完美的人，不可能有人做成一件绝对完美的事。所以说完美主义者在努力追求的是一个根本不存在的东西，况且他们还以此为人生目标，那必定会经历失败、失望和沮丧。

完美主义者之所以追求完美，还有一个原因，他们的父母在他们的童年生活中，对他们的要求非常严苛。他们只要是做错了一点事，就会被批评和责罚；但当他们表现得好时，父母却很少夸奖他们、鼓励他们。这样的家庭教育，会让孩子形成一个意识，就是“如果我做不到最好，我就不值得被爱、被尊重，我永远都不能犯错，不然我就完蛋了”。在完美主义者心中，追求完美就等于追求尊严、追求关爱，如果做不到完美，就得不到这些。但完美是无法达到的，所以他们终究会被失望所笼罩。

有一些人也因为追求完美而获益，但为什么另一些人却越是追求完美，越是生活混乱呢？这是因为，完美主义者在工作中、生活中，都会遇到很多不那么称心如意的事，面对这些不完美的事，他们是无法接受的。他们的第一个目标还没有完成，感到懊恼、沮丧，紧接着又制订一个更高的目标，这让他们屡战屡败，信心受挫而又不甘心。他们尝试着改变自己生活中所有的不完美，这让他们不得不同时着手做很多事，可一个人的精力和时间都是有限的，所以完美主义者会在各种事情中奔波劳累，最后草草了之，这就会让他们陷入失落、沮丧、焦虑中无法自拔。有些完美主义者因为无法完成自己制订的计划，还会发怒、异常激动，甚至可能选择轻生。

追求完美，有时是我们前进的动力，有时却是我们成功路上的阻碍。而且一般追求完美的人，总是会对人挑剔、苛刻，所以他们的人际关系都不会太好。

那么，面对过分追求完美的心理弱点，我们该怎么办？

一、适度偷懒。当我们在工作中追求完美时，我们就会花费全部的精力在工作上，甚至牺牲我们的休息时间。或许这样的确可以让我们把工作做到很好，但这容易让我们在面对工作时过于紧张，搞得自己身心疲惫。若出现失误，更会让我们陷入深深的自责当中无法自拔。所以我们不妨按时上下班，认真做好本职工作，不要过多地为以后操心。这样或许可以减轻我们的压力。

二、和亲近的人交流。当我们过分追求完美，而达不到自己的目标时，常常会否定自己，认为自己一无是处，不值得被人爱。这时我们可以和自己亲近的人好好交流一下，听听他们对自己的看法，或许我们会发现，没有人在极力否定我们，在他们心目中，我们已经够努力、够优秀了。

三、追求现实的目标，降低目标难度。完美主义者总是对自己所要做的事要求很高。比如，第一次做饭，他们就要求自己做得跟食谱上的一模一样，不能有一点差池，但要自己第一次就做得跟食谱上一样好，这是很难的，所以我们可以适当地降低目标的难度。第一次炒菜，能够把菜炒熟就算成功；第二次炒菜，能够保证味道是正常的，就算成功。只有这样，一步一步地完成我们的目标，我们才会获得脚踏实地的快乐。

三、掌握“二八原则”。在我们一天的生活中，发生着大大小小的事，如果每一件事都做到最好，时间和精力肯定是不够用的，对于完美主义者来说，这无疑是种折磨。所以，我们要将自己所要做的事分好类：哪些事是头等重要的，是必须要做到最好的；哪些事是刚刚做到及格就可以的。当时间实在不够的时候，我们就把时间集中在紧要的事务上，这样我们就不会因小失大，因为浪费了大把时间却没做好事而自责。

没有哪一个人是完美的，我们做不成完美的人，这并不代表我们就是失败的。重要的是，我们该如何去接受生命的不完美，那才是我们快乐的源泉。

38

自我设限

我肯定不行

自我设限，就是自己给自己画地为牢，自己出不去，新的事物、新的思想也进不来，就这样自己把自己给“束缚”起来了。其实我们不如给自己松松绑，能走多远算多远，无论结果怎样，都是自己努力争取后得到的。

曾经有心理学家做过一个实验，他把一条饿了多日的小鲨鱼放进鱼缸里，用一块透明的玻璃板把鱼缸分成两半，在鲨鱼所在的另一边放进几条小鱼。鲨鱼看到小鱼后，就像箭一样向小鱼冲去，结果，它碰到了中间厚厚的玻璃板，但它并没有放弃，一再向小鱼冲去，结果自然是碰得头破血流。等接受了足够的教训之后，鲨鱼终于放弃了。这时候，心理学家把中间的玻璃板拿开。小鲨鱼虽然游到鱼缸中间，却再也不敢向前靠进，甚至，对面的小鱼慢慢地游到了它的嘴边，它也不敢吃。因为经验告诉它，如果试图吃小鱼，它的头就会疼。

类似的心理，在很多人身上也有体现。

李梅是一个大一新生，进入大学后，她学的是体育专业。她最擅长的项目是羽毛球和乒乓球，其他体育项目都是刚刚达标。如果有羽毛球比赛和乒乓球比赛，她一定会参加，但如果要她去参加排球比赛、田径比赛、篮球比赛等，她就会说："哎呀，这些我又不是很擅长，我去参加一定会出丑的。"

上大学后，她几乎没有接触过除体育以外的任何活动，也没有参加任何一个社团。音乐社，她觉得自己没学过唱歌，肯定不适合加入音乐社；文学社，她觉得自己没什么文学天赋，也不适合加入文学社。但她却没有看到，自己身边有很多人，以前从来没有参加过这些活动，依然积极争取，努力学习，从中获得自我提升。

在大学里待了四年之后，李梅毕业了。出去找工作，她也只会找与体育密切相关的工作，如果有一点与专业不符合的地方，她就会放弃。而她的一些同学却敢于尝试与专业不对口的工作，比如金融类、销售类、管理类的工作，而且还从中找到了更适合自己、自己也更喜欢的工作。

而李梅总觉得与体育不沾边的工作，自己肯定是做不好的。结果越到后来，工作压力和生活压力越大，她就越不愿意尝试着去突破自己。

除了上面的心理实验和生活中的故事，历史上也有很多自我设限的例子。例如吕蒙的故事，就是一个非常经典的自我设限与如何突破自我局限的例子。

吕蒙是三国时期东吴的将领，他骁勇善战，受到周瑜、孙权的器重。但是，鲁肃却非常看不起他，因为他能武不能文，没有文化。鲁肃认为他只是一介草莽，能力不足以谋事。吕蒙则自认低人一等，不爱读书，不思进取。

有一次，孙权派吕蒙去镇守一个战略重地，临行前嘱咐他说："你现在很年轻，应该多读些史书、兵书，掌握的知识多了，才能不断进步。"

吕蒙："我天天忙着带兵打仗，哪儿有时间学习？"

孙权批评他说："你这样就不对了，我主持国家大事，比你忙得多，可仍然抽出时间读书，收获很大。汉光武帝带兵打仗，在紧张艰苦的环境中依然手不释卷。你为什么就不能刻苦读书呢？"

吕蒙听了孙权的话，内心很惭愧，从此便开始发奋读书，他利用闲暇时间，遍读诗、书、史及兵法战策。功夫不负苦心人，渐渐地，吕蒙的知识越来越渊博，官职也不断升高，当上了偏将军，还做了浔阳令。

有一次，鲁肃率大军路过吕蒙的驻地，一位谋士建议鲁肃说："吕将军功名日显，您不应该怠慢他，最好去拜访一下。"

鲁肃觉得有理，便去拜会吕蒙。吕蒙热情地设宴款待鲁肃，在吃饭的时候，吕蒙请教鲁肃说："大都督受朝廷重托，驻防陆口，与关羽为邻，不知有何良谋以防不测，能否让晚辈长点见识？"

鲁肃随口应道："这事到时候再说嘛……"吕蒙却一本正经地说："这样恐怕不行。当今吴蜀虽已联盟，但关羽如同熊虎，险恶异常，怎能不事先谋划，做好准备呢？对此，晚辈倒有些考虑，愿意献给您作个参考。"吕蒙于是献上五条计策，见解独到精妙，令人叹服。

鲁肃听了之后非常惊喜，立即起身走到吕蒙身旁，抚拍其背，赞叹道："真没想到，你的才智进步如此之快……我以前以为你只是一介武夫，现在看来，你的学识也十分广博啊，远非从前的‘吴下阿蒙’了！”

吕蒙笑道：“士别三日，即更刮目相待。”从此，鲁肃对吕蒙尊爱有加，两人成了好朋友。吕蒙通过努力学习和实战，终成一代名将而享誉天下。

第一则故事中的鲨鱼，刚开始也是勇往直前，但后来经过多次碰壁之后就放弃了。这种自我设限其实情有可原，是为了逃避再次遭遇失败。这种习得性无助不管是在动物身上还是在人的身上，都有所体现。鲨鱼不再向前冲，是它以为自己还会碰壁；人也是如此，无论做什么事，只要前几次失败了，就会觉得成功的可能性越来越小，不想再去尝试了。其实，自我设限就是拒绝消极的可能性。有些人发传单，发到第五个人的时候，还是被拒绝，然后他就觉得大部分的人都不会接受他的传单，但是他没有想到有另外一种可能性，可能只有这五个人不要。只是他的自信心已经遭受到打击，便倾向于放弃，或者抱着消极的态度来做这件事。

李梅的自我设限是能力设限型，是从“0”到“1”的突破问题。因为她对新事物从未尝试过，所以她没有把握，不知道自己能否做好。但这并不是最关键的，最关键的是，她有一种强烈的自我保护意识，如果她要突破自我，就要承受痛苦，承受可能会失败的结果，虽然不一定会真的失败，但这是她的自我保护意识所不允许的。

李梅非常害怕在别人面前出丑，这就涉及自我设限的另一个因素——印象管理。李梅会自我设限，是因为她害怕自己表现得不好，给别人留下不好的印象。维护自己在别人心目中的形象，就是她自我设限的动机。

李梅自我设限还有一个原因，就是李梅并不确定去尝试那些新事物需要多强的能力，就像她自己说的，她认为加入文学社需要天赋，加入音乐社需要正儿八经地学习过音乐。她并不了解加入这些社团的必备条件，仅凭借臆测，就限制了自己探索未知领域的脚步。

这也是为什么很多人看到招聘信息上的要求比较高，就认为自己肯定达不到的原因。其实真正面试的时候，并不是都按招聘信息上的要求来遴选的。这样的自我设限会带给人带来很多阻碍，导致人们难以进步，无法获得良好的发展。

吕蒙的自我设限，主要是因为他完全没想过要走出自己的“舒适区”。自认低人一等，忙于打仗，这些都是他给自己的心理安慰，这样想会让他觉得，自己不会读书，没有文化和谋略都是情有可原的。

但我们应该重点关注他是怎么走出自我设限的误区的。这是因为孙权激发了吕蒙的羞耻心，孙权的话让吕蒙无法再自欺欺人，而是必须面对真相。

从故事中，我们可以看出，鲁肃对吕蒙的态度随着吕蒙的改变而改变。我们常常觉得是别人瞧不起我们、打击我们、苛责我们，才导致我们自我设限，但这要看我们对别人的不看好抱的是一种怎样的态度。如果别人不看好我们，我们不服气，发奋努力，非要做出个样子给别人看，那我们就可能突破自我局限；如果看别人放弃我们了，我们就觉得自己没什么希望了，那怎么可能会有所改变呢？

如果我们的生活中，并没有孙权这样的人来鞭策我们、提醒我们，我们又该如何走出自我设限的误区呢？

一、写出真相，看清自己。在我们夜深人静无法成眠的时候，写下自己在自我设限、放弃努力时，都做了什么事，是看电视、玩游戏，做一些无关紧要的事，还是做一些对自己而言，感觉很轻松的事？再写下自己做这些事时所花费的时间、自己的认真程度、精神状态。这样我们就能清楚地感受到，我们在自我设限时浪费的时间完全可以拿来去做那些突破自我极限的事，我们可能会发现，待在“舒适区”其实并不是那么“舒适”。这一步主要是激发我们对自己不进行自我突破和提升的“谴责”。写好之后，把它贴在第二天早晨醒来第一眼就能看到的地方，因为睡一觉之后，这种谴责感会减弱很多，这样可以起到有效的提醒作用。

二、写下愿望，激励自己。我们每个人都有很多想要尝试的事，既然在自己的心里，我们认为这些事是不可能完成的，那就把它们写下来。如果你想要成为百万富翁，那就写下这个愿望，同时还要写下自己已经拥有的东西，比如听力、视力、亲人的爱、家里的小猫、电视机……写下这些或大或小的事物，这样当我们的欲望得不到满足的时候，我们也会发现：我已经拥有很多了，失败并不算什么，收拾心情，再次出发就是了。

三、我就是行，我就是棒。将“我五音不全，我唱歌肯定不好听”的内心声音改为“我五音不全，我唱歌一定很特别，我的歌声是最特别的歌声”；将“我不敢在公共场合演讲”改为“我一定是怕现场的听众被我震住”……将这些自我设限的观念都变为“我能做到的”积极信念。

四、选择一个积极的环境。如果你的自制力实在太差，但是又想要改变，那你最好置身于那种能够感染自己的积极环境当中。你想要学芭蕾舞，一个人练肯定不如一群人一起训练，有比较、有竞争的效果好，这样的环境可以激发我们的斗志。

五、拓展认知。自我设限来自认知的局限，认知决定一个人的思想格局和视野。知识匮乏，对自己的认知不够全面，就不知道自己的短板在哪里，自己的长处又在哪里。对很多事的认识错误，是导致我们无法前进的重要因素。

六、正确归因。我们要明白，导致自己失败的原因有很多，要综合考虑方方面面的因素，避免钻进牛角尖。很多事情其实都与天赋无关，真正有天赋的人在年龄很小的时候便会崭露头角了，比如，著名作曲家莫扎特6岁的时候就进行过一场巡回演出了。极高的天赋自然是极少数人才拥有的，对于普通人而言，只能说我们可能更擅长于某一方面。如果总是把失败的原因归结为天赋不高，我们就会拒绝在实践中提升自己、突破自己，最终陷入自我设限的误区。

自我设限，就是自己给自己画地为牢，自己出不去，新的事物、新的思想也进不来，就这样自己把自己给“束缚”起来了。其实我们不如给自己松松绑，能走多远算多远，无论结果怎样，都是自己努力争取后得到的。

39

急功近利

我现在就要成功

在欲望控制自我的状态下，我们的自我没有自由，我们被怨恨、无助、罪过、刻板的道德规条和情绪化的欲望捆绑着，常常感到无奈和焦灼。就算我们表面上控制得再好，自我的潜意识还是会替我们做出自认为有利于自身的选择。

小明是一个还在上幼儿园的小孩子。虽然他还没满六岁，可他身上的负担早已超过“六十斤”了。

小明的妈妈姜女士是个好强的女性，她在工作和生活中讲求的就是效率和成果。于是她对她的儿子也是如此，要求小明必须有很高的学习效率。

姜女士给小明报了几个兴趣班，其中有一个是书法兴趣班。妈妈亲自带着小明来书法班学习，书法老师一看小明还那么小，就觉得让这孩子学书法，恐怕会很吃力吧。于是书法老师叫小明先去接触一下毛笔，可以拿着毛笔，在纸上画画写写什么的。

书法老师跟小明的妈妈交谈起来，对她说：“小明妈妈，等过一年后再来让小明学习书法可能会更好一点。暂时可以让他多玩玩呀，多和其他小朋友们接触一下。”小明妈妈一听，马上就急了，说：“那怎么行啊，现在把书法学会了，明年还有明年要学的呢，现在该学的东西，留到一年后学，那哪来得及呢？我就要他现在学习书法，现在就能写出一手好字。”书法老师笑了笑说：“小明妈妈呀，我从事书法教学几十年了，我都不敢说我的字算写得好的，一年半载，你就想让小明练出一手好字，你是觉得我是神仙，还是你儿子是神仙呀？这是不可能的啊。”小明妈妈一听，知道自己有点急功近利了，于是说：“算了，你不愿意教，我儿子还不愿意学呢，全市又不是只有你这一个书法班，哼！”

就这样，小明的妈妈气鼓鼓地拉着儿子离开了书法班。

可是小明的日子依然不好过。因为妈妈把小明所有的休息时间都剥夺了。星期六的时候，妈妈亲自在家盯着小明练钢琴，小明很想跟别人家的小朋友在小区的花园里玩，但是妈妈不允许。小明弹琴弹得很烦躁，而且妈妈还一直在旁边盯着他，一会儿让他把背挺直，一会儿让他把手放在正确的位置。小明去钢琴培训班才一周不到，妈妈就让小明弹一首难度为中级的钢琴曲。小明小小的身躯坐在大大的钢琴面前，显得特别力不从心。小明吃力地弹奏着钢琴，妈妈在一旁一直唠叨着，小明弹错一个音，妈妈就会指责小明一次。小明被妈妈整日逼迫着学这学那，搞得精神疲惫，周一去上学的时候，上课就想睡觉，作业错误率也很高。

小明的妈妈被班主任请去学校谈话，班主任说："小明妈妈，你这完全是揠苗助长啊，你这样不仅不会让孩子成长得更好、学会更多东西，还会让他失去学习的兴趣，失去生活的动力啊！"

结果，小明妈妈依旧不好好反思，还是一如既往地逼迫孩子学习各种东西，希望孩子能够快速取得成果。

急功近利的特点就是"急"和"近"。人人都想获得一定的成功和利益，但急功近利追求的是近在眼前的成效和利益，而不是通过长久的努力去获得劳动成果。而且，急功近利之人的目的性和功利心太盛，一旦发觉无利可图，就不想再继续努力下去了。

故事中小明的妈妈给小明报各种兴趣班，看似是为了发展孩子的兴趣，实则是把艺术熏陶变成了技能培训。妈妈根本不在意小明是否对钢琴和书法感兴趣，就一门心思只想要小明"速成"这两项技能，理所当然地，我们看到的是弄巧成拙的结果。小明妈妈越是急功近利，越得不到一个好的结果，更严重的是，小明还会因此产生很多心理方面的问题。

那么，急功近利的心理是什么原因造成的呢？

从宏观层面来讲：

一、我们希望自己短暂的一生能被世人所铭记，而这种铭记主要是通过个人的社会价值、人生价值的实现而实现的，所以，我们才会有"出仕""立功"这样的心理。中国历史上的"三不朽"是仁人志士极力追求的一种永恒价值，然而，后人对"三不朽"的解读世俗化、简单化的倾向，使"立功"更多地指向个人的功绩，这就使得人们急切地追求名利，而忽视它背后的道德含义。

二、在中国传统思想中，“人为财死，鸟为食亡”“人不为己，天诛地灭”“无利不起早”等狭隘的思想也为人们追求名利提供了一定的心理依据。“十年寒窗无人问，一举成名天下知”，教育上对结果的过分重视也使得我们更容易看到事情的功利面，而忽视其过程和心灵感受。

三、“重道德，轻制度”的社会特点为“急功近利”提供了可能性。儒家文化讲求德治，以德来教化人，但是这样做的风险很大，因为如果整个社会秩序是靠道德力量来维护的话，就是极大地考验人性，而人性是变化无常的、复杂的，制度的缺失会使人性的不足更多地表现出来。重道德、轻制度的社会特点，容易使我们做出一些利己主义的事情来。

个体心理因素：

一、急功近利是人类潜意识的选择

我们一心执着于欲望而设定的目标，在行动上表现出来的就是急功近利，而这样做往往会让局面变得更加糟糕。

在欲望控制自我的状态下，我们的自我没有自由，我们被怨恨、无助、罪过、刻板的道德规条和情绪化的欲望捆绑着，就算我们表面上控制得再好，自我的潜意识还是会替我们做出自认为有利于自身的选择。

二、急功近利就是想要抄近道走捷径

我们的欲望得到了满足，我们就会有积极情绪；反之，欲望得不到满足，我们的心里就会充满了消极情绪。为了一直处于一种叫“快乐”的情绪状态中，我们就会不停地设法满足自己的欲望，一直这样的话，我们可能就会对其上瘾。当不快乐的大脑想要变得快乐时，填充欲望是最快的办法。所以，急功近利是人们为满足自身各种欲望的一种心理状态。

现在无论是在政治领域、经济领域，还是教育领域，急功近利的现象都比比皆是。但我们也发现，急功近利只能获得短暂的成效，从长久效果来看，我们不但没有获利，可能还会失去更多。

那我们该怎么克服急功近利的心态呢？

一、正视内心的欲望。无论我们心中有什么欲望，都不要刻意去压制它，因为一旦我们压制它，自己的内心就会产生一种罪恶感。比如你很贪财，但你知道贪财是一种不良的品行，于是你控制自己对金钱的欲望，逼着自己淡泊名利、勤俭持家。这时我们就会感到自己的虚伪，然后产生一种负罪感，但我们心里对金钱的渴望是不会消散的，它会存在于我们的潜意识中，掌控我们的行为，使我们默默地从事着那些贪财的行为。但是，如果我们一开始就把“贪财”这件事摆在台面上，并且通过努力合法获得钱财，这样就不会影响我们内心的平衡，不会使我们对钱财的看法那么畸形。

二、不要被欲望控制。就是说，我们要认清自己的欲望和自己的理想是不一样的，不要成为欲望的“奴隶”。比如前面故事中的小明妈妈，其实她作为小明的妈妈肯定是希望小明能学习很多东西，能更好地成长、出人头地的。如果小明妈妈没有把期望和欲望混为一谈，不陷入这种畸形的成功欲中，而是看重儿子的成长，那她就不会要求儿子马上在某些方面取得成功了。

三、认清自己的需要。奔跑在追求利益的路上，我们容易迷失方向，看不清自己到底想要什么。有些快乐并不是金钱能够给予的，我们渴望的是一个充实幸福的生活。当我们明白自己花那么多时间和精力去挣钱的时候，我们原来忽视了那么多可以让自己感到快乐的充实的东西，或许我们应该抽出一些时间去交朋友，学习各种知识，培养健康的爱好。

所以，急功近利的人要先静下心来，好好想想自己到底想要什么。

与其追求眼前的“小芝麻”，不如耐着性子，追寻梦想中的那个“大西瓜”。如果没有耐心，急于求成，我们只会赔得更多，亏得更惨。

40

心存侥幸

这次我一定会中的

心理学研究表明，侥幸心理是人的本能意识，这种心理反映在人们的各种思维活动中。侥幸心理只是人的潜意识，不足以支配人的行为，只有当一个人的自控力不强的时候，潜意识才会得到释放，继而引发冲动行为。

尤夫人家的墙洞里有老鼠，这些老鼠在白天的时候都不会出现，可是一到晚上的时候，它们就全部出动了，把厨房搞得“叮叮咚咚”响。

尤夫人见此状，就想着干脆养只猫来防老鼠吧。于是，尤夫人从外面带回来一只大黑猫，自从看到有猫出现以后，老鼠就不敢再那么猖狂了。

大黑猫看见家里根本没有老鼠出没了，便天天趴在沙发下面睡懒觉。主人出门工作时，大黑猫可以在沙发旁睡上一下午。

墙洞里的一只小老鼠一见此状，乐坏了。它趁大黑猫在酣睡的时候，偷偷溜进厨房，偷了一片熏肉，在厨房里吃得不亦乐乎。

小老鼠吃完后，马上溜回墙洞，生怕被发现了，但溜进墙洞后它发现，大黑猫依然在睡懒觉，它心想：要是再去偷一片回来，也肯定不会被发现的。于是它又蹑手蹑脚地溜进厨房，这次它偷到了一块蛋糕。

一连两次的好运让它得意忘形、沾沾自喜，老鼠自言自语地说：“今天真是好运气啊，大懒猫还在睡懒觉，这样好的运气，怎么能错过呢？”于是，小老鼠又打算去厨房偷大米。

这时，大黑猫的耳朵里传来了主人的开门声，大黑猫从睡梦中被惊醒，准备去门口迎接主人，却听到厨房里传来“窸窸窣窣”的声音，结果它一看，是小老鼠在米缸里偷米吃，于是它决定在米缸外静静等候小老鼠出来。小老鼠吃得肚子圆圆的后，就准备离开了，它鼓足所有的力气，终于爬到了米缸最上面，结果它一低头，就看到了大黑猫阴险的脸，它拔腿想要逃，但一不小心滑了下来，直接掉进了大黑猫的嘴里。大黑猫这下可以饱餐一顿了。

这则故事中的小老鼠和大黑猫都有侥幸心理。所谓侥幸心理，就是对自身处境过于乐观，想着按照自己的需要或者好恶来行事，就能让事情按照自己的愿望发展，直至取得自己希望的结果的一种心理，它有时会让我们忽视自己身处困境的现实。侥幸心理就是希望借助一些偶然的因素去取得成功或避免灾害，因而造成了无所为或失败的严重后果。

虽然前文讲的是老鼠和大黑猫的故事，但生活中有很多人就像老鼠和大黑猫一样，总是心存侥幸地做事情。比如，一个人上班迟到一两次，没有被逮到扣工资，就常常抱着肯定不会被逮到的心态继续迟到，结果有一次他迟到正赶上老板发怒的风头，就被开除了。这样心存侥幸的情况有很多，比如买彩票、炒股等。我们往往在一两次走运的情况下，选择继续投机取巧，然而却导致了惨重的失败。

有侥幸心理的人，他们口头上常常说“可能、也许、万一、大概……”之类的话，他们喜欢偷奸耍滑，很少认真做事，总希望能一步登天。

为什么我们大多数人都有侥幸心理呢？心理学研究表明，侥幸心理是人的本能意识，这种心理反映在人们的各种思维活动中。侥幸心理只是人的潜意识，不足以支配人的行为，只有当一个人的自控力不强的时候，潜意识才会得到释放，继而引发冲动行为。

我们的侥幸心理形成的原因包括以下几个方面：

一、性格原因。脚踏实地的人很少会产生侥幸的心理，他们更愿意相信，凭借努力才能获得成功；而一些存在投机心理的人，则比较容易心存侥幸，相信运气。

二、自我保护。当我们的生活遭遇重大的变故，受到巨大的压力的时候，我们会感觉非常焦虑，心理上会失去平衡。为了防止这种不平衡无限制地扩展下去直至我们出现精神崩溃，就需要一种不确定的乐观情绪来支撑起我们的精神世界。这种乐观情绪可能并不是基于现实，甚至很可能与现实处境完全相反，它只是暂时让人觉得自己的情况是安稳的。如果在生活中我们过多地怀有侥幸心理来平衡自己的精神状态，就容易形成一种自我麻醉的心态，这样会导致我们生活中的种种困境无法真正得到解决甚至越积越多，而且也容易让我们患上精神疾病。

侥幸心理也有一定的积极意义。侥幸心理会让我们相信，通过某种偶然的不确定事件的发生，而使自己获得意外的收益，或者可以使自己躲过某种确定会出现的灾难，是一种与事情的发展常态相违背的心理预期。这种心理预期会给我们带来一定的乐观态度，至少在我们挫折、抑郁的时候，我们能够通过侥幸心理获得一定的精神支撑，短时间内，这可以让我们不至于陷入精神崩溃的状态。

但是对于那些过于懒散的人来说，侥幸心理的危害就很大了。他们总是想着一夜暴富，一劳永逸，这种侥幸心理会成为他们唯一的精神支柱，成为他们生活中所有的依靠。如果我们无法摆脱自己对侥幸心理的依赖，那么发展下去可能会导致灾难性的事件发生，比如赌博、犯罪……

我们该如何克服侥幸心理呢？

一、回忆过失法。当我们在工作中出现一些小纰漏，也没有导致某种严重后果的时候，我们可能就不会重视自己的过失，长此以往就容易产生侥幸心理。所以，当我们想要马马虎虎地完成工作时，就要好好想想以前因为马虎而犯下的错误，这样会有一个很好的提醒作用。

二、激励法。当我们努力地去做一件事，却迟迟看不到成果时，我们可能会产生侥幸心理，想要通过某种捷径来达到自己的目的。这时，我们需要激励自己，告诉自己，每天多做一点点就可以了。这样循序渐进地付出努力，我们会更容易坚持下来。

三、提升修养。多读书，从书籍当中寻找真正能让人变聪明、变得更有本事的方法，而不是一步登天。

心存侥幸，可以暂时让我们处于一个乐观的状态，但如果一直沉浸其中，那就真的成了不幸。